现代工程训练与创新实践丛书

电工技术工程训练

主 编 罗 玮

副主编 楚 锋 蒲玉兴 方 璐

中国水利水电出版社
www.waterpub.com.cn
·北京·

内容提要

本书共分为六章，分别介绍了供电与安全用电（包括发电系统、输电系统、工业与民用配电以及安全用电知识）、常用电工工具和低压控制电器（包括电气操作应用的一些基本工具、仪器仪表以及常用的低压控制电器）、导线连接与照明（包括导线连接的方式以及常用室内照明安装方法）、基本控制电路（包括常见的电气控制电路的原理、安装和应用）、典型电路的继电器控制及 PLC 程序控制项目实训、智能家居（包括智能家居的发展、功能以及应用）。

本书根据电工必备的知识和技能要求，理论与实践紧密结合，突出操作技能训练，注重培养学生分析和解决电工实际问题的能力和工程实践能力。

本书突出了电气工程实践知识和技能训练，内容新颖、实用，在介绍电的基本知识、安全用电基本常识、常用电工仪器仪表及材料，以及常用低压电器的使用等基础上，还介绍了 PLC 可编程控制器和智能家居的项目实训，供学生在技能拓展时进阶学习使用。

本书可作为本科院校、高职院校的电工实训教材，也可以作为维修电工的培训教材，或者供其他从事电气操作与维修的工程技术人员使用参考。

图书在版编目（CIP）数据

电工技术工程训练 / 罗玮主编. -- 北京：中国水利水电出版社，2018.10

（现代工程训练与创新实践丛书）

ISBN 978-7-5170-6394-0

Ⅰ. ①电… Ⅱ. ①罗… Ⅲ. ①电工技术－高等学校－习题集 Ⅳ. ①TM-44

中国版本图书馆CIP数据核字(2018)第068807号

书　　名	现代工程训练与创新实践丛书 **电工技术工程训练** DIANGONG JISHU GONGCHENG XUNLIAN
作　　者	主编　罗　玮 副主编　楚　锋　蒲玉兴　方　璐
出版发行	中国水利水电出版社 （北京市海淀区玉渊潭南路 1 号 D 座　100038） 网址：www. waterpub. com. cn E-mail：sales@waterpub. com. cn 电话：(010) 68367658（营销中心）
经　　售	北京科水图书销售中心（零售） 电话：(010) 88383994、63202643、68545874 全国各地新华书店和相关出版物销售网点
排　　版	北京智博尚书文化传媒有限公司
印　　刷	三河市龙大印装有限公司
规　　格	170mm×240mm　16 开本　14 印张　243 千字
版　　次	2018 年 10 月第 1 版　2018 年 10 月第 1 次印刷
印　　数	0001—3000 册
定　　价	39.00 元

现代工程训练与创新实践
丛书编委会

序

SEQUENCE

高等教育发展水平是一个国家发展水平和发展潜力的重要标志。习近平总书记指出，"我们对高等教育的需要比以往任何时候都更加迫切，对科学知识和卓越人才的渴求比以往任何时候都更加强烈"。当前世界范围内新一轮科技革命和产业变革加速进行，综合国力竞争愈加激烈。为响应国家战略需求，支撑服务新经济和新兴产业，推动工程教育改革创新，2017年2月，我国高等工程教育界达成了"新工科"建设共识，加快了培养创新型卓越科技工程人才的步伐。在工程教育体系中，工程训练课程是最基本、最有效、学生受益面最广的工程实践教育资源，其作用日趋凸显，是人才培养方案中不可或缺的实践环节。

"现代工程训练与创新实践丛书"（下称"丛书"）正是在上述背景下，针对新一轮科技革命和产业变革对工程实践教育及人才培养的新要求，深入开展创新教学研究和实践而形成的教学改革成果。它以大工程为基础，以适应现代工程训练为原则，强调综合性、创新性和先进性的同时，兼顾教材广泛的适用性。

丛书由多位具有多年实践教学经验的实验教师和工程技术人员共同编写，主要以机械、材料、电工、电子、信息等学科理论为基础，以工程应用为导向，集基础技能训练、工程应用训练、综合设计与创新实践于一体。其特色与创新之处在于：

第一，编者阵容强大，教学经验丰富。本套教材的主编及参编人员均来自湖南大学，长期从事本专业的教学工作，且大多有着博士学位。本套丛书是这些教师长期积累的教学经验和科研成果的总结。

第二，精选基础内容，重视先进技术。建立了传统内容与新知识之间良好的知识构架，适应社会的需求。重视跟踪科学技术的发展，注重新理论、新技术、新材料、新工艺、新方法的引进，力求使教材内容具有科学性、先进性、时代性和前瞻性。

第三，体例统一规范，教学形式新颖。重视处理好教材的体例及各章节间的内部逻辑关系，力求符合学生的认识规律。实训操作要领配套了大量视频，通过扫描二维码即可观看学习。以学生为中心，充分利用学生零散时间，将教学形式最优化，能实现工程训练泛在化学习。

第四，重视工程实践，注重项目引导。改变以往教材过于偏重知识的倾向，重视实际操作。注重理论与实际相结合，设计与工艺相结合，分析与指导相结合，培养学生综合知识运用能力。将科研成果、企业产品引入教材，引导学生通过实践训练培养创新思维能力和群体协作能力，建立责任意识、安全意识、质量意识、环保意识和群体意识等，为毕业后更好地适应社会不同工作的需求创造条件。

"博于问学，明于睿思，笃于多为，志于成人"是岳麓书院的优秀传统，揭示了人要成才，必须认真学习积累基础知识，勤于思考问题，还要多动手、多实践、更要有立志成才的理想。2016 年 6 月 2 日，中国成为国际本科工程学位互认协议《华盛顿协议》的正式会员，标志着我国工程教育进入了新的阶段。工程教育的基本定位是培养学生解决复杂工程问题的能力。工程训练的教学目标是学习工艺知识，增强工程实践能力，提高工程素质，培养创新精神，提升就业创业能力。因此，丛书的出版正逢其时。它不仅仅是一套教材，更是自始至终的教育支持，无论是学校、机构培训还是个人自学，都会从中得到极大的收获。

当然，人无完人，金无足赤，书无完书，本套教材肯定会有不足之处，恳请专家和读者批评指正。

现代工程训练与创新实践丛书编委会

2018 年 9 月

前言
FOREWORD

　　本书是在国家实施重大发展战略和新工科建设的背景下，针对新一轮科技革命和产业变革对工程实践教育及人才培养的新要求，深入开展创新教学研究和实践而形成的教学成果。它以大工程为基础，强调综合性、先进性和新颖性的同时，兼顾教材广泛的适用性。

　　本书共分为6章。第1章为供电与安全用电，介绍发电系统、输电系统、工业与民用配电以及安全用电知识；第2章为常用电工工具和低压控制电器，介绍用于电气操作应用的一些基本工具、仪器仪表以及常用的低压控制电器；第3章为导线连接与照明，介绍几种导线连接的方式以及常用室内照明安装方法；第4章为基本控制电路，介绍几种常见的电气控制电路的原理、安装和应用；第5章为典型电路的继电器控制及PLC程序控制项目实训；第6章智能家居，介绍了智能家居的发展、功能以及应用。

　　本书为方便读者更直观地了解所学实践内容，在部分章节配有相关视频指导，可以通过扫二维码观看。秉承以学生为中心的教学理念，所编的实训项目具有与时俱进、内容丰富、能随时随地学习以及综合性强等特点，包括元件的选取、线路布局、安装工艺、故障处理、调试运行、在线测量等技能训练，通过实训可以让学生自己动手，将基础的技能训练与综合实践创新训练结合起来，为培养学生的实践创新能力奠定扎实的基础。

　　电工技术实训课时建议根据专业灵活设定，电类专业学生64课时，近电类专业学生32课时，非电类专业学生16课时。

　　本书可作为本科院校、高职院校的电工实训教材，也可以作为维修电工的培训教材，或者供其他从事电气操作与维修的工程技术人员使用参考。

　　本书由罗玮主编，并负责全书统稿，参加编写工作的有楚锋、蒲玉兴、方璐、蒋克授、万敏、肖育虎、陈浩文、刘昱、罗海鑫、史栋杰。对本书作出贡献的还有全松柏、余剑锋等。在编写过程中，参阅了国内外同行的教材、资料和文献，得到了很多专家和同行的支持和帮助，在此一并表示衷心的感谢。

　　限于编者的水平，本书中难免有错误和不妥之处，恳请读者不吝指正。

编　者

2018年6月

目录 CONTENTS

第 1 章

供电与安全用电

电在国民经济中占有重要的地位，从规模宏大的社会生产到千家万户的衣食住行，电已经渗透到人类活动的方方面面。

本章概述发电系统、输电系统、工业与民用配电、安全用电等内容，学生需要了解三相电源的产生，以及电能从产生到消费所经过的发电、输电、变配电、用电等几个主要环节，同时掌握安全用电的基本知识。

1.1 三相交流电路

1.1.1 三相电源

我国发电厂和电力网生产、输送和分配的交流电都是三相交流电。由于三相交流电具有以下优点：①三相发电机比尺寸相同的单相发电机输出的功率要大；②三相发电机和变压器的结构与制造都不复杂，且使用和维护都较方便，运转时比单相发电机的振动小；③在同样条件下输送同样大的功率时，特别是在远距离输电时，三相输电线比单相输电线可节约 25％ 左右的线材。所以三相交流电获得了广泛应用。

三相交流电源由三相交流发电机产生。发电机的基本机构如图 1-1 所示，主要由定子和转子组成。定子也称电枢，内圆周表面有凹槽，用以放置三相绕组。三相绕组始端标以 A、B、C，末端（尾）标以 X、Y、Z，首端（或末端）空间互差 120°。

转子是一对由直流电流通过励磁绕组而形成的特殊磁极，产生的磁场在空气隙中按正弦规律分布。当发电机转子由原动机拖动以角速度 ω 按顺时针方向匀速旋转时，转子磁场将依次切割定子绕组，并在每相绕组内产生出频率相同、幅值相等、相位互差 120° 的三相对称正弦感应电动势，即三相对称

电源，简称三相电源。若以 u_A 为参考正弦量，则三相对称电源的瞬时表达式为

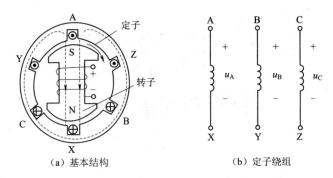

（a）基本结构　　　　　（b）定子绕组

图 1-1　发电机的基本结构

$$\begin{cases} u_A = U_m \sin\omega t \\ u_B = U_m \sin(\omega t - 120°) \\ u_C = U_m \sin(\omega t + 120°) \end{cases} \tag{1-1}$$

相量式可表示为

$$\begin{cases} \dot{U}_A = U \underline{/0°} \\ \dot{U}_B = U \underline{/-120°} \\ \dot{U}_C = U \underline{/120°} \end{cases} \tag{1-2}$$

将此三相对称电源用相量图来表示，如图 1-2（a）所示；用正弦波形表示，如图 1-2（b）所示。

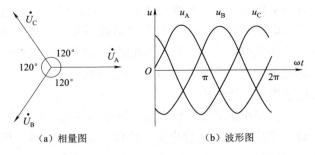

（a）相量图　　　　　　（b）波形图

图 1-2　三相电源

显然，三相对称电源的瞬时值或向量之和始终为零，即

$$\begin{cases} u_A + u_B + u_C = 0 \\ \dot{U}_A + \dot{U}_B + \dot{U}_C = 0 \end{cases} \tag{1-3}$$

三相正弦交流电源依次到达最大值（或过零值）的顺序，称为相序，它

与磁极旋转方向有关。因此，当磁极顺时针方向旋转时，三相电源出现最大值的顺序是 $\dot{U}_A \to \dot{U}_B \to \dot{U}_C$，这样的顺序称为正序（或顺序）；反之，称为负序（或逆序）。如果没有特殊说明，在工业与民用生活生产中，三相对称电源的相序均采用正序。

发电机的三相绕组通常作适当的连接之后再给负载供电。三相绕组有两种连接方法：一种为星形连接，另一种为三角形连接。下面将分别予以介绍。

▌1.1.2　三相电源的星形连接和三角形连接

（1）把发电机三相绕组的末端连接在一个公共点上，从三相绕组的始端分别对外引出三条线，这种连接方式称为星形连接，如图 1-3 所示。

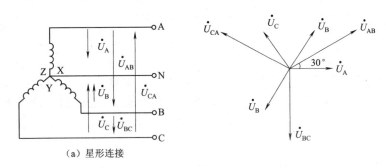

（a）星形连接

图 1-3　三相电源的星形连接及其电压相量图

其中，公共点 N 称为中性点，从中性点引出的线称为中性线或零线；从始端引出的三条线称为相线或端线（俗称火线）。

端线与中性线之间的电压称为相电压，分别记作 $\dot{U}_A$、$\dot{U}_B$、$\dot{U}_C$，参考方向为首端指向末端，有效值用 U_P 表示。端线与端线之间的电压称为线电压，分别记作 $\dot{U}_{AB}$、$\dot{U}_{BC}$、$\dot{U}_{CA}$，有效值用 U_L 表示。

根据图 1-3 所示的参考方向，应用 KVL 可以得到相电压与线电压之间的关系为

$$\begin{cases} \dot{U}_{AB} = \dot{U}_A - \dot{U}_B \\ \dot{U}_{BC} = \dot{U}_B - \dot{U}_C \\ \dot{U}_{CA} = \dot{U}_C - \dot{U}_A \end{cases} \quad (1\text{-}4)$$

以 $\dot{U}_A$ 作为参考相量，由式（1-4）可画出相电压和线电压的相量图，如图 1-3（b）所示。可见，三相对称电源的线电压也是频率相同、幅值相等、相位互差 120° 的三相对称电压。各线电压与对应的相电压的关系为

$$\begin{cases} \dot{U}_{AB}=\sqrt{3}\dot{U}_A \underline{/30^\circ} \\ \dot{U}_{BC}=\sqrt{3}\dot{U}_B \underline{/30^\circ} \\ \dot{U}_{CA}=\sqrt{3}\dot{U}_C \underline{/30^\circ} \end{cases} \quad (1\text{-}5)$$

可见，在数值上各线电压为相电压的$\sqrt{3}$倍，在相位上线电压超前于相应的相电压30°，即有

$$\dot{U}_L=\sqrt{3}\dot{U}_P \underline{/30^\circ}$$

在星形连接的三相电源中，将三条相线和一条中性线引出的供电系统称为三相四线制供电系统。我国低压供电系统中相电压为 220 V，线电压为 380 V。中性线不引出的供电系统称为三相三线制供电系统，在大功率长距离输电时被普遍使用。

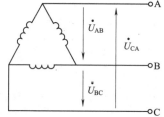

图 1-4　三相电源的三角形连接

（2）把发电机的任一相绕组的末端与另一相绕组的始端依次连接起来，组成一个回路，再从三个连接点分别对外引出三条线，这种连接方式称为三角形连接，如图 1-4 所示。可见，三角形连接的电源只能采用三相三线制供电方式。

由图 1-4 可知，三相电源为三角形连接时，线电压等于相应的相电压，即

$$\begin{cases} \dot{U}_{AB}=\dot{U}_A \\ \dot{U}_{BC}=\dot{U}_B \\ \dot{U}_{CA}=\dot{U}_C \end{cases} \quad (1\text{-}6)$$

也就是说

$$\dot{U}_L=\dot{U}_P \quad (1\text{-}7)$$

三相电源为三角形连接时要特别小心。这是因为当三相绕组连接正确时，在对称电源的三角形闭合回路中，电压相量和为零，即$\dot{U}_{AB}+\dot{U}_{BC}+\dot{U}_{CA}=0$，所以电源内部不会产生电流。但是，如果将某一绕组（首末）接反，则在电源的三角形闭合回路中将产生两倍相电压，由于绕组的阻抗很小，所以电源回路中将产生很大的电流，很容易烧毁三相发电机。为了避免此类事故发生，在三相绕组连接时先留下一个开口，并在开口处接一只交流电压表，只有当测得该处电压为零时，才允许把开口处连接在一起，以此验证三相绕组的连接方法是否正确。实际电源的三相电动势不是理想的对称三相电动势，所以三相电源通常都接成星形，而不接成三角形。

▌1.1.3　三相负载的星形连接和三角形连接

按照使用交流电的负载对电源的要求可分为单相负载和三相负载。单相负载是指需要单相电源供电的设备，如电灯、电炉、计算机、各种家用电器等；三相负载是指必须由三相电源供电的设备，如三相交流异步电动机等。和三相电源一样，三相负载也有星形连接和三角形连接两种接法。不管哪种接法，都规定每相阻抗上的电压为相电压 U_P，流过每相阻抗的电流为相电流 I_P，相线间电压为线电压 U_L，相线上流过的电流称线电流 I_L。

(1) 把三相负载的三个末端连接在一个公共点 N′（负载中性点）上，并把 N′ 与电源中性线相接，把负载的另外三个端子接到电源的三根相线上，这种连接方式称为负载的星形连接。图 1-5 所示为星形连接的三相负载接到三相电源上。

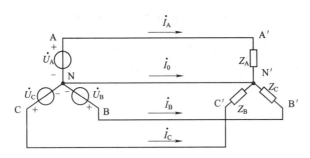

图 1-5　Y 形连接的三相负载

在图 1-5 中，设 $\dot{U}_A$ 初相位为 0°，相电压有效值为 U_P，则三相负载电压为

$$\dot{U}_A=U_P\underline{/0°}, \quad \dot{U}_B=U_P\underline{/-120°}, \quad \dot{U}_C=U_P\underline{/120°}$$

三个相电流为

$$\begin{cases} \dot{I}_A=\dfrac{\dot{U}_A}{Z_A}=\dfrac{U_P}{|Z_A|}\underline{/-\varphi_A} \\[3mm] \dot{I}_B=\dfrac{\dot{U}_B}{Z_B}=\dfrac{U_P}{|Z_B|}\underline{/-120°-\varphi_B} \\[3mm] \dot{I}_A=\dfrac{\dot{U}_A}{Z_A}=\dfrac{U_P}{|Z_A|}\underline{/120°-\varphi_C} \end{cases} \tag{1-8}$$

式中：φ_A、φ_B、φ_C 分别为三相负载 Z_A、Z_B、Z_C 的阻抗角。

由基尔霍夫电流定律得到零线电流为 $\dot{I}_0=\dot{I}_A+\dot{I}_B+\dot{I}_C$。因为中性线上没有电流，所以中性线可以省去。此时，对称负载星形连接可采用三相三线制（Y—Y），对称负载的中性点 N′ 和对称电源的中性点 N 等电位，即 $U_{NN'}=0$，故各相负载的电压仍为电源端相电压。如果三相负载不对称，则由式（1-8）可以计算出各相电流也不对称。

（2）把三相负载的首尾依次连接在一起构成一个闭环，各相负载的首端分别与电源端线相接，就构成了负载三角形连接的三相电路，如图1-6所示。

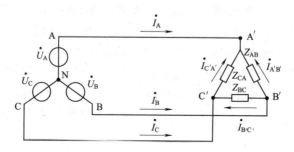

图1-6　三相负载的三角形连接

在图1-6所示参考方向下，每相负载的相电压等于电源的线电压。即不论负载对称与否，其相电压总是对称的，满足

$$\begin{cases} \dot{U}_{A'} = \dot{U}_{AB} \\ \dot{U}_{B'} = \dot{U}_{BC} \\ \dot{U}_{C'} = \dot{U}_{CA} \end{cases} \tag{1-9}$$

每相负载的相电流为

$$\begin{cases} \dot{I}_{A'B'} = \dfrac{\dot{U}_{AB}}{Z_{AB}} \\[2mm] \dot{I}_{B'C'} = \dfrac{\dot{U}_{BC}}{Z_{BC}} \\[2mm] \dot{I}_{C'A'} = \dfrac{\dot{U}_{CA}}{Z_{CA}} \end{cases} \tag{1-10}$$

当负载对称时，三相负载相电流对称。只要分析计算一相负载的相电流，其余两相就可以根据对称性直接写出来，即

$$\dot{I}_{A'B'} = I_P \underline{/\varphi_{A'}}$$

则

$$\dot{I}_{B'C'} = I_P \underline{/-120° + \varphi_{A'}}$$

$$\dot{I}_{C'A'} = I_P \underline{/120° + \varphi_{A'}}$$

负载三角形连接电路中，线电流与相电流不相等。根据 KCL 知

$$\begin{cases} \dot{I}_A = \dot{I}_{A'B'} - \dot{I}_{C'A'} \\ \dot{I}_B = \dot{I}_{B'C'} - \dot{I}_{A'B'} \\ \dot{I}_C = \dot{I}_{C'A'} - \dot{I}_{B'C'} \end{cases} \tag{1-11}$$

可见，当负载对称时，各线电流在数值上为相电流的$\sqrt{3}$倍，在相位上线电流滞后于相应的相电流$30°$，即有

$$\dot{I}_1 = \sqrt{3}\dot{I}_P \underline{/-30°}$$

1.1.4　三相电路的功率计算

在三相电路中，负载吸收的总功率等于各相负载有功功率之和，即

$$P = P_1 + P_2 + P_3 = U_A I_A \cos\varphi_A + U_B I_B \cos\varphi_B + U_C I_C \cos\varphi_C \tag{1-12}$$

式中：U_A、U_B、U_C分别为三相负载相电压的有效值；I_A、I_B和I_C分别为相电流的有效值；φ_A、φ_B和φ_C分别为负载的阻抗角，也是相电压与相电流之间的相位差。

当负载对称时，由于相电压和相电流均对称，且各功率因数相同，所以三相有功功率为一相有功功率的3倍，即

$$P = 3U_P I_P \cos\varphi \tag{1-13}$$

若负载为星形连接，有$U_P = \dfrac{1}{\sqrt{3}}U_L$和$I_P = I_L$；若负载为三角形连接，有$U_P = U_L$和$I_P = \dfrac{1}{\sqrt{3}}I_L$，则不论对称负载为星形连接还是三角形连接，三相有功功率为

$$P = \sqrt{3}U_L I_L \cos\varphi \tag{1-14}$$

同理，可得到三相电路的总无功功率为各相无功功率之和，即

$$Q = U_A I_A \sin\varphi_A + U_B I_B \sin\varphi_B + U_C I_C \sin\varphi_C \tag{1-15}$$

则当负载对称时，与上面分析方法相同，对称三相电路总无功功率为一相无功功率的3倍，不论对称负载为星形连接还是三角形连接，有

$$Q = \sqrt{3}U_L I_L \sin\varphi = 3U_P I_P \sin\varphi \tag{1-16}$$

三相电路的总视在功率为

$$S = \sqrt{P^2 + Q^2} \tag{1-17}$$

式中：P、Q分别为三相负载总有功功率和总无功功率。

对称三相电路总视在功率为

$$S = 3U_P I_P = \sqrt{3}U_L I_L$$

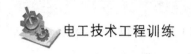

1.2 发电和输电概述

■ 1.2.1 发电系统

发电是指利用发电动力装置将水能、石化燃料（煤、油、天然气）的热能、核能以及太阳能、风能、地热能、海洋能等转换为电能的生产过程。用以供应国民经济各部门与人民群众生活之需。发电厂作为电力系统中的电能生产环节，按照所利用的能源种类可分为火电厂、水电厂、核电厂以及其他类型（风能、太阳能、地热能等）的发电厂。

火力发电指利用可燃物（中国多为煤）燃烧时产生的热能，通过发电动力装置转换成电能的一种发电方式。火力发电分为燃煤汽轮机发电、燃油汽轮机发电、燃气—蒸汽联合循环发电和内燃机发电。火力发电是现代电力发展的主力军，火力发电大量燃煤会造成环境污染。图 1-7 为凝汽式火电厂生产过程示意图。水电是将水能转换为电能的综合工程设施。一般包括由挡水、泄水建筑物形成的水库和水电站引水系统、发电厂房、机电设备等。水电厂将水库的高水位水经引水系统流入厂房推动水轮发电机组发出电能，再经升压变压器、开关站和输电线路输入电网。图 1-8 为水电厂生产过程示意图。截至 2014 年底，我国火电总装机容量约为 9.2 亿 kW，水电总装机容量约为 3.2 亿 kW。

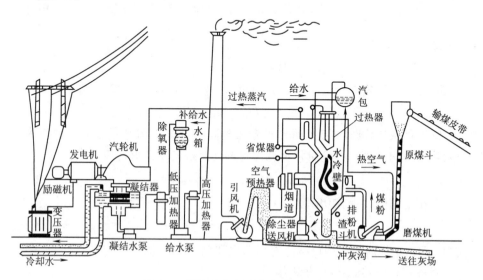

图 1-7　凝汽式火电厂生产过程示意图

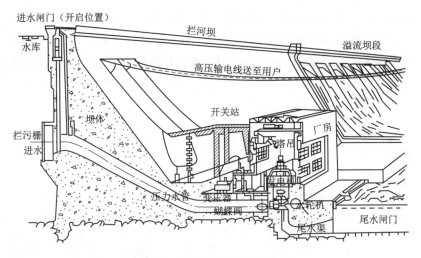

图 1-8　水电厂生产过程示意图

　　风电是利用风力带动风车叶片旋转，再通过增速机将旋转的速度提升，来促使发电机发电。依据目前的风车技术，大约是 3 m/s 的微风速度（微风的程度），便可以开始发电。风力发电所需要的装置，称作风力发电机组。这种风力发电机组，大体上可分风轮（包括尾舵）、发电机和铁塔三部分。风力发电是新能源领域中技术最成熟、最具规模、开发商业化发展前景的发电方式之一。风力发电正在世界上形成一股热潮，因为风力发电不需要使用燃料，也不会产生辐射或空气污染。我国的风力资源极为丰富，绝大多数地区的平均风速都在 3 m/s以上，特别是东北、西北、西南高原和沿海岛屿，平均风速更大；有的地方，一年 1/3 以上的时间都是大风天。在这些地区，发展风力发电是很有前途的。

　　核电站是利用原子核内部蕴藏的能量产生电能的新型发电站，核电站大体可分为两部分：一部分是利用核能生产蒸汽的核岛，包括反应堆装置和一回路系统；另一部分是利用蒸汽发电的常规岛，包括汽轮发电机系统。图 1-9为核电厂生产过程示意图。我国核电厂正处于发展阶段，目前已建成浙江秦山、广东大亚湾和江苏田湾三个核电基地。截至 2015 年 11 月底，我国在运营的核电机组已达到 30 台，总装机容量约 28.6 GW，仅次于法国、美国和日本，居世界第四。

　　各种发电厂中的发电机几乎都是三相同步发电机，由定子和转子两个基本部分组成。定子由机座、铁芯和三相绕组等组成，与三相异步电动机或三相同步电动机的定子基本一样。同步发电机的定子常称电枢。

　　同步发电机的转子绕有励磁绕组，直流励磁电流通入励磁绕组产生磁极，分为凸极和隐极两种。凸极式同步发电机的结构较为简单，但是机械强度较低，宜用于低速（通常 $n=1\,000$ r/min 以下）。水轮发电机（原动机为水轮机）和柴油发电机（原动机为柴油机）皆为凸极式。例如，安装在三峡电站的国产 700 MW 水轮发电机的转速为 75 r/min（极数为 80），其单机容量是目前世界上最大的。隐极式同步发电机的制造工艺较为复杂，但是机械强度较高，宜用于高速（$n=3\,000$ r/min 或 1 500 r/min）。汽轮发电机（原动机为汽轮机）多半是隐极式的。

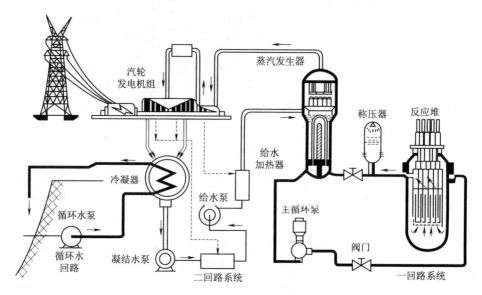

图 1-9　核电厂生产过程示意图

国产三相同步发电机的电压等级有 400 V/230 V 和 3.15 kV、6.3 kV、10.5 kV、13.8 kV、15.75 kV、18 kV 及 20 kV 等多种。

■ 1.2.2　输电系统

大、中型发电厂大多建在产煤地区或水力资源丰富的地区附近，距离用电地区往往是几十千米、几百千米甚至 1 000 km 以上。所以，发电厂生产的电能要用高压输电输送到负荷中心，再经较低电压等级的电压输送至各用户。输电的主要设备是变压器和输电线路，为了保证输电的经济性，减少输电损耗，采用高压输电；同时，为了保证供电的可靠、持续性和发电机组的稳定性，提高各发电厂的设备利用率，合理调配各发电厂的负载，同一电压等级的输电线相互连接形成网状，称为电力网。

除交流输电外，还有直流输电，其结构原理如图 1-10 所示。整流是将交流变换为直流，逆变则反之。直流输电的能耗较小，无线电干扰较小，输电

图 1-10　直流输电线路的
结构原理

线路造价也较低，但逆变和整流部分较为复杂。目前，我国已建成投运多条 ±800 kV 线路，仅贵州就有两条向广西、广东送电。

从高压输电到低压配电用电，电力系统分为多个电压等级，我国规定的国家标准额定电压等级为 0.4 kV、3 kV、6 kV、10 kV、35 kV、110 kV、220 kV、330 kV、500 kV、750 kV、1 000 kV。目前，国内电力系统的最高电压等级为 1 000 kV，额定频率为 50 Hz。

发电、变电（电压变换）、输电、用电这一连续过程的电器设备构成一个统一的整体，称为电力系统。图 1-11 为电力系统和电力网络示意图。

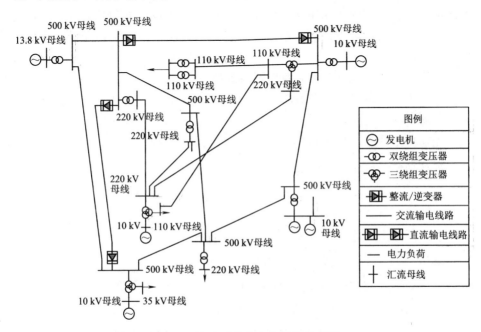

图 1-11 电力系统和电力网络示意图

1.3 工业与民用配电

■ 1.3.1 负荷计算

在对一个工业企业、民用建筑或一个施工现场进行供电设计时，首先遇到的便是该工厂、该构筑物要用多少电，即负荷计算问题。工厂里各种用电设备在运行中负荷是时大时小地变化着，此外，各台用电设备的最大负荷一般又不会在同一时间出现，若根据全厂用电设备额定容量的总和作为计算负

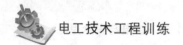

荷来选择导线截面和开关电器、变压器等，则将造成投资和设备的浪费；反之，若负荷计算过小，则导线、开关电器、变压器等有过热危险，使线路及各种电气设备的绝缘老化，过早损坏。

由于上叙原因，工厂企业的总负荷通常是以所谓"计算负荷"来衡量的。计算负荷又称需要负荷或最大负荷。计算负荷是一个假想的持续性负荷，其热效应与同一时间内实际变动负荷产生的最大热效应相等。在配电设计中，通常采用 30 min 的最大平均负荷作为按发热条件选择电器或导体的依据。

负荷计算的方法有单位面积功率法、单位指标法、需要系数法、利用系数法等几种。单位面积功率法、单位指标法多用于设计的前期计算，如可行性研究和方案设计阶段；需要系数法、利用系数法则多用于初步设计和施工图设计。

需要系数法确定计算负荷的步骤如下：

（1）用电设备组的计算负荷：

有功功率　　$P_c = K_x P_e$

无功功率　　$Q_c - P_c \tan \varphi$

视在功率　　$S_c = \sqrt{P_c^2 + Q_c^2}$

计算电流　　$I_c = \dfrac{S_c}{\sqrt{3} U_r}$

（2）配电干线或车间变电所的计算负荷：

有功功率　　$P_c = K_{\sum p} \sum (K_x P_e)$

无功功率　　$Q_c = K_{\sum q} \sum (K_x P_e \tan \varphi)$

视在功率　　$S_c = \sqrt{P_c^2 + Q_c^2}$

以上各式中：P_e 为用电设备组的设备功率，kW；K_x 为需要系数，其值见《工业与民用配电设计手册》（第三版）表 1-1～1-4；$\tan \varphi$ 为用电设备功率因数角相对应的正切值，其值见《工业与民用配电设计手册》（第三版）表 1-1～1-3、表 1-5 及表 1-6；$K_{\sum p}$，$K_{\sum q}$ 分别为有功功率、无功功率系数，分别取 0.8～1.0 和 0.93～1.0；U_r 为用电设备额定电压（线电压），kV。

（3）配电所或总降压变电所的计算负荷，为各车间变电所计算负荷之和再乘以同时系数 $K_{\sum p}$ 和 $K_{\sum q}$。对配电所的 $K_{\sum p}$ 和 $K_{\sum q}$，分别取 0.85～1 和 0.95～1；对总降压变电所的 $K_{\sum p}$ 和 $K_{\sum q}$ 分别取 0.8～0.9 和 0.93～0.97。当简化计算时，同时系数 $K_{\sum p}$ 和 $K_{\sum q}$ 可都取 $K_{\sum p}$ 值。

（4）对于台数较少（4 台及以下）的用电设备。3 台及 2 台用电设备的计算负荷，取各设备功率之和；4 台用电设备的计算负荷，取设备功率之和乘以 0.9 的系数。

(5) 关于单相负载引起三相不平衡，折算为三相等值功率 P_a 时的计算。在电源为三相四线制供电系统中，单相负载应尽可能均匀分配在三相，使整个系统平衡。但有些较大的单相设备（如电焊机）只能接于一相（火线和零线间），或接于火线与火线间，这就会造成三相不平衡。这时虽然有一相或两相没有接入单相负载，但只要三相中一相有负载，这一相的电流和功率就较其他两相大。在进行负荷计算时，就得以较大的一相为依据，将单相负载的功率折算为三相等值功率 P_a。

根据单相负载接入三相四线制电源的接法不同，可分为如下三种情况：

第一种，单相负载 P_p 接于电源的相线与零线间，计算负荷时，相当于三相（三条火线）内都有同一负载接入，即

$$P_a = 3P_p$$

式中：P_a 为折算的三相等值功率；P_p 为接于相线和零线间的单相负载功率。

第二种，一个单相负载 P_L 接于电源的相线与相线之间，折算后的三相等值功率为

$$P_a = \sqrt{3} P_L$$

式中：P_1 为接于相线和相线间的单相负载功率。

第三种，两个相同的单相负载 P_L 分别接于三相电源的不同相线与相线间，折算后的三相等值功率则为

$$P_a = 3P_L$$

1.3.2 配电系统

将电力系统中从降压配电变电站（高压配电变电站）出口到用户端的这一段系统称为配电系统。配电系统是电力系统的重要组成部分，由不同电压等级的配电线路、变压器和开关组成。按电压等级分为高压配电系统（35 ~ 110 kV）、中压配电系统（6 ~ 10 kV）、低压配电系统（220 ~ 380 V）；由于配电系统作为电力系统的最后一个环节直接面向终端用户，它的完善与否直接关系着广大用户的用电可靠性和用电质量，因而在电力系统中具有重要的地位。

1.3.3 配电系统的接线

不管是高压配电网、中压配电网，还是低压配电网（图 1-12），其接线方式根据供电可靠性的要求分为有备用和无备用两大类，如图 1-13 所示，图 1-13（a）~（c）是无备用接线方式，图 1-13（d）~（i）是有备用接线方式。

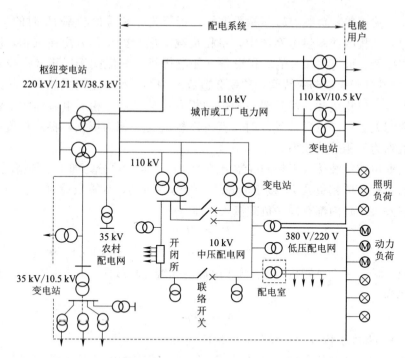

图 1-12 配电系统示意图

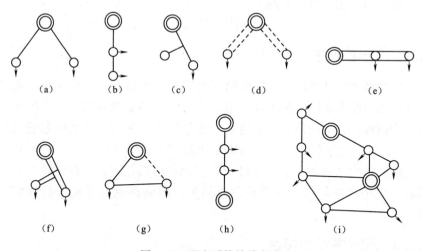

图 1-13 配电系统接线方式

从车间变电所或配电箱（配电屏）到用电设备的线路属于低压配电线路。低压配电线路的连接方式主要是放射式［图 1-14（a）］和树干式［图 1-14（b）、（c）］两种。当负载点比较分散而各个负载点又具有相当大的集中负载时，则采用放射式配电线路较为合适。

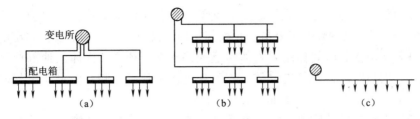

图1-14 放射式和树干式配电线路

在下述情况下采用树干式配电线路：

（1）负载集中，同时各个负载点位于变电所或配电箱的同一侧，其距离较短，如图1-14（b）所示。

（2）负载比较均匀地分布在一条线上，如图1-14（c）所示。

放射式和树干式这两种配电线路现在都被采用。放射式供电可靠，但敷设投资较高。树干式供电可靠性较低，因为一旦干线损坏或需要修理时，就会影响连在同一干线上的负载，但是树干式灵活性较大。另外，放射式与树干式比较，前者导线细，但是线路长，而后者则相反。

1.4 安全用电

▉ 1.4.1 电流通过人体时的效应

当人体同时触及不同电位的导电部分时电位差使电流流经人体，称为电接触。视接触电流的大小和持续时间的长短，它对人体有不同的效应。电流小时对人体无害，用于诊断和治病的某些医疗电气设备，接触人体时通过微量电流还能治病救人，对人体有益，这种电接触被称作微电接触。如通过人体的电流较大，持续时间过长，则可使人受到伤害甚至死亡，这种电接触被称作电击。电击危及人身，因此了解电流通过人体的效应，才能采取正确有效的防范措施，避免发生电击事故。

1. 关于电气安全的交流电流效应阈值

IEC 60479《电流通过人体时的效应》标准根据测试结果，规定电压不大于1 000 V、频率不大于100 Hz的交流电流通过人体时有以下几个主要的效应阈值。

感觉阈值——人体能感觉出的最小电流值，一般为0.5 mA，此值与电流通过的持续时间长短无关。

感觉阈值——当人用手持握带电导体时，如流过手掌心肌肉的电流超过此值，手掌心肌肉的反应将是不依人意地紧握带电导体而不是摆脱带电导体，从而使电流得以持续通过人体。导致此效应的最小电流称作摆脱阈值，此值因人而异，IEC（国际电工委员会）取其平均值为 10 mA。如不能摆脱带电导体，在较大电流长时间作用下人体将遭受伤害甚至死亡。人体其他部位接触带电导体时可瞬即摆脱带电导体，不存在电击致死的危险，但可能引起二次伤害，如因电击自高处坠地而导致死亡。

心室纤维性颤动阈值——电流通过人体时引起的心室纤维性颤动是电击致死的主要原因。引起心室纤维性颤动（以下简称"心室纤颤"）阈值。此阈值与通电时间长短有关，也与人体条件、心脏功能状况、电流在人体内通过的路径等有关，但与人的性别、肤色、种族无关。IEC 60479 标准按测试得出的导致心室纤颤的通过人体的 $15 \sim 100$ Hz 交流电流 I_b 与通电时间 t 的关系曲线如图 1-15 曲线的 c 所示。

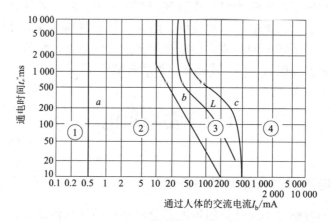

图 1-15　交流电流通过人体时的效应

图中各区域的含义如下：

①区——直线 a 左侧的区域，通常无感觉。

②区——直线 a 与折线 b 之间的区域，有电的感觉，但无病理反应。

③区——折线 b 至曲线 c 之间的区域，通常无器官损伤，可能出现肌肉收缩、呼吸困难、心房纤颤、无心室纤颤的短暂心脏停跳，此等病理反应随电流和时间的增大而加剧。

④区——曲线 c 右侧的区域，除出现③区的病理反应外，还出现导致死亡的心室纤颤以及心脏停跳、呼吸停止、严重烧伤等反应，它随电流和时间的增大而加剧。

从图 1-15 可知，如电击电流和其持续时间在④区内，人体就有死亡危险。但在制定防电击措施时，尚需为不同于实验室条件的现场其他一些不利条件留出一些裕量，通常以③区内离曲线 c 一段距离的曲线 L 作为人体是否安全的界限。从曲线 L 可知，只要 I_b 小于 30 mA，人体就不致因发生心室纤颤而电击致死。据此国际上将防电击的高灵敏度剩余电流动作保护器（residual current operated protective device，RCD）的额定动作电流值取为 30 mA。

2. 交流电流通过人体的效应与防护电器选用关系

从图 1-15 可知，人体遭受电击时发生心室纤颤致死的危险程度与通过人体电流的大小及其持续时间的长短有关。由此可知，手持式设备（如手电钻）和移动式设备（如落地灯）比固定式设备具有更大的电击致死的危险性。因在持握这类绝缘损坏的设备时，如通过人体的电流大于 30 mA，由于已超过摆脱电流阈值 10 mA，人体已不能脱离与电的接触，若切断电源的时间较长，超过图的发生心室纤颤阈值，即有可能电击致死。因此对于手持式和移动式设备，必须在不大于图曲线 L 左侧的相应时间内切断电源，这正是要求在接用手持式、移动式设备的插座回路上装用瞬动 RCD 的原由。对于固定式设备和配电线路，因不存在手掌紧握故障设备不能摆脱的问题，只需考虑故障电流产生的热效应，可在 5 s 内切断电源。

依据不同环境条件下的不同交流接触电压限值，IEC 将干燥环境条件下用以防电击的特低压设备的额定电压定为 48 V（我国现仍沿用过去的 36 V，设备的技术经济性能较差）。在潮湿环境条件下，如在施工场地、农场等处，由于人体皮肤阻抗降低，大于 25 V 的接触电压即可导致引起心室纤颤的 30 mA 以上的接触电流 I_b，据此，IEC 将潮湿环境条件下的接触电压值规定为 25 V，而特低电压设备的额定电压则规定为 24 V。在水下或特别潮湿环境条件下，如在浴室或游泳池等场所内，由于皮肤湿透，其阻抗大幅下降，人体在水下时接触面积更大，接触电流通道更多、更复杂，特低电压设备的额定电压 IEC 规定仅为 12 V 或 6 V。尽管干燥和潮湿环境条件下的人体阻抗和接触电压限值并不相同，但导致人体心室纤颤的电流阈值都仍为 30 mA。这正是在干燥和潮湿不同环境条件下，IEC 都规定装用同一额定动作电流不大于 30 mA 的瞬动 RCD 而不要求装用 10 mA 或 6 mA 的 RCD 的原因。

3. 直流电流通过人体的效应

直流电流通过人体时同样也会产生各种效应。直流电流的感觉阈值约为 2 mA。它没有明确的摆脱阈值。只是在人体通电和断电的瞬间能引起类似痉挛的有疼痛感的肌肉收缩。其心室纤颤阈值，当电击持续时间超过一个心搏周期时约（13 ms）时，比交流的心室纤颤阈值大几倍；当电击持续时间少于 200 ms 时，则几乎与交流的心室纤颤阈值相同。引起心室纤颤的直流预期接触电压限值 IEC 标准取为 120 V。

■ 1.4.2　触电的原因和形式

导致触电的原因很多，如供用电设备架设安装不符合规范要求、维护检

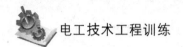

修工作不及时、缺乏安全用电常识、违章作业等。触电的形式常见的可分为单相触电、两相触电、跨步触电三种形式。

1. 单相触电

单相触电是指人体在地面上或其他接地体上，人体的某一部分触及一相带电体的触电事故。单相触电时，加在人体的电压为电源电压的相电压。设备漏电造成的事故属于单相触电。绝大多数的触电事故都属于这种形式，如图 1-16 所示。

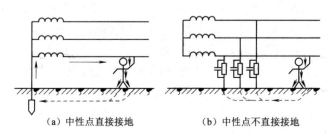

（a）中性点直接接地　　　　（b）中性点不直接接地

图 1-16　单相触电

2. 两相触电

两相触电是指人体两处同时触及两相带电体而发生的触电事故。这种形式的触电，加在人体的电压是电源的线电压，电流将从一相经人体流入另一相导线。因此，两相触电的危险性比单相触电大，如图 1-17 所示。

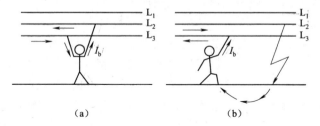

（a）　　　　　　　　　（b）

图 1-17　两相触电

3. 跨步触电

当带电体碰地有电流流入大地，或雷击电流经设备接地体入地时，在该接地体附近的大地表面具有不同数值的电位，人体进入上述范围，两脚之间（一般为 0.8 m）形成跨步电压而引起的触电事故叫跨步触电，如图 1-18 所示。跨步电压的大小取决于人体与接地点的距离，距离越远跨步电压越小；两只脚的距离越小才能

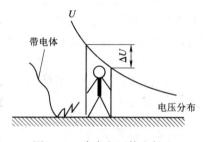

图 1-18　跨步电压使人触电

让两脚之间的电压越小，所以当不小心进入跨步触点区域时，不要急于迈大步跑出来，而是迈小步或单足跳出。

上述触电方式都是指人体直接触及正常带电体，另外还有一种触电情况则是触及意外带电体，如电机或电器的金属外壳在正常工作时并不带电，但当绝缘材料损坏而漏电时，如果接触这些部件的金属外壳，就有触电的危险。而且，在低压触电事故中，这种触电事故的比例还相当大。

■ 1.4.3　触电急救处理

人体触电后，除特别严重的当场死亡外，常常会暂时失去知觉，形成假死。如果能使触电者迅速脱离电源并采取正确的救护方法，则可以挽救触电者的生命。实验研究和统计结果表明，如果从触电后 1 min 开始救治，则 90％可以救活；从触电后 6 min 开始救治，则仅有 10％的救活可能性；如果从触电后 12 min 开始救治，则救活的可能性极小。因此，使触电者迅速脱离电源是触电急救的重要环节。当发生触电事故时，抢救者应保持冷静，争取时间，一面通知医务人员，一面根据伤害程度立即组织现场抢救。切断电源要根据具体情况和条件采取不同的方法，若急救者离开关或插座较近，则迅速拉下开关或拔出插头，以切断电源。如距离较远，则应使用干燥的木棒、竹竿等绝缘物将电源移掉。若附近没有开关、插座等，则可用带绝缘手柄的钢丝钳从有支撑物的一端剪断电线。如果身边什么工具都没有，则可以用干衣服或者干围巾等将自己一只手厚厚地包裹起来，拉触电者的衣服，附近有干燥木板时，最好站在木板上拉扯，使触电者脱离电源，如图 1-19 所示。总之，要迅速用现场可以利用的绝缘物，使触电者脱离电源，并要防止救护者触电。

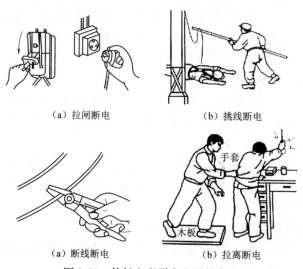

（a）拉闸断电　　　　　　（b）挑线断电

（a）断线断电　　　　　　（b）拉离断电

图 1-19　使触电者脱离电源的方法

当触电者脱离电源后，应立即将其移至附近通风干燥的地方，松开其衣裤，使其仰天平躺，并检查其瞳孔、呼吸、心跳及知觉情况，初步了解其受伤害程度。轻微受伤者一般不会有生命危险，应给予关心、安慰；对触电后精神失常者，应使其保持安静，防止其狂奔或伤人；对失去知觉，呼吸不齐、微弱或完全停止，但还有心跳者，应采用"人工呼吸法"进行抢救；对有呼吸，但心跳不规则、微弱或完全停止者，应采用"胸外心脏挤压法"进行抢救；对呼吸与心跳均完全停止者，应同时采用"口对口人工呼吸法"和"胸外心脏挤压法"进行抢救。抢救者不要紧张、害羞，方法要正确，力度要适中，要争分夺秒、耐心细致、坚持不懈。

1. 人工呼吸法抢救

人工呼吸法有多种，通常采用口对口（或口对鼻子）人工呼吸法，方法如图 1-20 所示。

（a）仰卧　　　　（b）头部后卧　　　（c）捏鼻贴嘴吹气　　（d）放松换气

图 1-20　口对口人工呼吸

（1）首先将触电者仰卧，解开衣领和裤带，然后将触电者头偏向一侧，张开其嘴，用手指清除口腔中的假牙、血等异物，使呼吸道畅通。

（2）抢救者在触电者一边，使触电者的鼻孔朝天，头部后仰。

（3）救护人用一手捏紧触电者的鼻孔，另一手托在触电者颈后，将颈部上抬，深吸一口气，用嘴紧贴触电者的嘴，向其大口吹气。如果嘴巴掰不开，可贴鼻孔吹气。同时观察触电者胸部的膨胀情况，以略有起伏为宜。胸部起伏过大，表示吹气太多，容易把肺泡吹破；胸部无起伏，表示吹气用力过小，起不到应有的作用。

（4）救护人吹气完毕准备换气时，应立即离开触电者的嘴巴（或鼻孔），并放开紧捏的鼻孔（或嘴巴），让触电者自动向外排气，使胸部自行回缩，达到呼气的目的。

口对口（鼻）人工呼吸，每 5 s 一次，其中吹 2 s，停 3 s。坚持连续进行，不可间断，直到触电者苏醒为止。对儿童用此法时，鼻子不必捏紧，而且吹气不能过猛。

2. 胸外心脏挤压法进行抢救

（1）将触电者仰卧在硬板或地上，颈部枕垫软物使头部稍后仰，松开衣服和裤带，急救者跪在触电者腰部。

（2）急救者将右手掌根部按于触电者胸骨下 1/2 处，中指指尖对准其颈部凹陷的下缘，右手掌放在胸口，左手掌复压在右手背上。

（3）选好正确的压点以后，救护人肘关节伸直，适当用力，带有冲击性地压触电者的胸骨（压胸骨时，要对准脊椎骨，从上向下用力）。对成年人可压下 3～4 cm，对儿童只用一只手，用力要小，压下深度要适当浅些。

（4）挤压到一定程度时，手掌根应迅速放松（但不要离开胸膛），使触电者的胸骨复位，挤压与放松的动作要有节奏，每秒进行一次，必须坚持连续进行，不可中断，直到触电者苏醒为止。方法如图 1-21 所示。

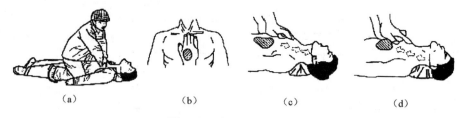

（a）   （b）   （c）   （d）

图 1-21 胸外心脏挤压法

3. 口对口人工呼吸法和胸外心脏挤压法同时进行抢救

（1）一人急救：口对口人工呼吸法和胸外心脏挤压法两种方法应交替进行，即吹气 2～3 次，再挤压心脏 10～15 次，且速度都应快些，如图 1-22（a）所示。

（2）两人急救：口对口人工呼吸法和胸外心脏挤压法由两人同时进行，即由一人先按压 5 次，另一人再吹气一次，反复进行，如图 1-22（b）所示。

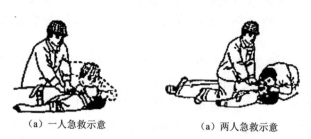

（a）一人急救示意   （a）两人急救示意

图 1-22 口对口人工呼吸和胸外心脏挤压法同时进行

1.4.4 接地保护系统

接地是一个十分复杂的问题，它关系到人身和财产的安全以及电气装置与设备功能的正常发挥。所谓接地有两个含义：一是指电气回路导体或电气设备外壳与大地的连接；二是指该需接地部分与代替大地的某一导体相连接，

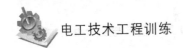

这时以该导体的电位为参考电位而不是以大地的电位为参考电位。

任一电压等级的供电系统都需要处理两个接地问题：一个是系统内电源端带电导体的接地；另一个是负荷端电气装置外露导电部分的接地。就低压供电系统而言，前者通常是指变压器、发电机等中性点即绕组星形结点的接地，称作系统接地，也称工作接地；后者通常是指电气装置内电气设备金属外壳、布线金属管槽等外露导电部分的接地，称作保护接地，如图 1-23 所示的 R_B 和 R_A。

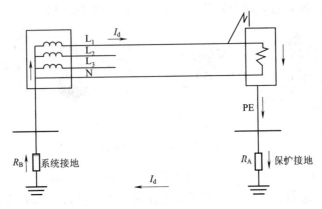

图 1-23　系统接地与保护性接地

1. 系统接地的作用

系统接地的作用是使系统取得大地电位为参考电位，降低系统对地绝缘水平的要求，保证系统的正常和安全运行，如当雷击时，地面强大的瞬变电磁场使架空线路感应幅值很大的瞬态过电压，它持续的时间极短，以微秒计，但过电压幅值和变化陡度很大，使设备和线路承受危险电涌电压的冲击。

IEC 标准对系统接地的实施有严格要求，它不允许在变压器室或发电机室内将中性点就地接地，如图 1-24 所示。

还规定自变压器（或发电机）中性点引出的 PEN 线（或 N 线）必须绝缘，并只能在低压配电盘内一点与接地的 PE 母排连接而实现系统接地，在这点以外同一建筑物内不得再在其他处接地，不然中性线电流将通过不正规的并联通路而返回电源，这部分中性线电流被称作杂散电流，它可能引起下述电气灾害：

（1）杂散电流可能因不正规通路导电不良而打火，引燃可燃物起火。

（2）杂散电流如以大地为通路返回电源，可能腐蚀地下基础钢筋或金属管道等金属部分。

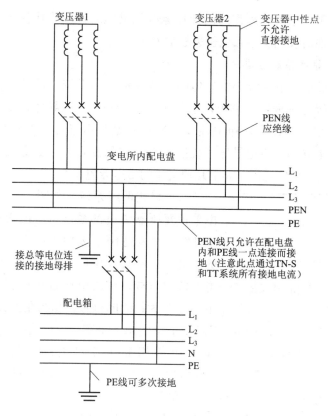

图 1-24　低压系统中系统接地的实施

（3）杂散电流可产生杂散电磁场，干扰重要敏感信息技术设备的正常工作，这点尤其需要重视。

从 PEN 线引出的 PE 线因不承载工作电流，它可多次接地而不产生杂散电流。

2. 保护接地的作用

保护接地是电气装置内外露导电部分的接地，如图 1-23 中 R_A 所示。发生图中所示的相线碰设备外壳接地故障后如未做保护接地，设备外壳的对地电压 U_f（图中未表示）即为相电压 220 V，人体若接触此电压，电击致死危险很大。作保护接地后，U_f 仅为图中 PE 线和 R_A 上故障电流 I_d 产生的电压降，仅为相电压 220 V 的一部分。R_A 还为 I_d 提供返回电源的通路，从而使防护电器动作而切断电源，起到防人身电击和接地故障火灾的作用。

保护接地对电气安全是十分重要的，必须保证接地通路的导通。IEC 规定包含有 PE 线的 PEN 线上不允许装设开关和熔断器以杜绝 PE 线的开断。但在有些情况下是不允许电气装置的外露导电部分作保护接地的，如在设置

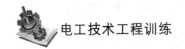

绝缘场所和采用电气分隔作防间接接触电气措施时就不得作保护接地，因为做了保护接地后反而会招致电击事故的发生。

3. 带电导体系统分类

IEC 标准按配电系统带电导体的相数及根数和系统接地及保护接地的构成对配电系统分别进行了分类，十分科学和严格。带电导体指工作时通过电流的导体，相线（L 线）和中性线（N 线）是带电导体，保护接地线（PE 线）不是带电导体。带电导体系统按带电导体的相数和根数分类，在根数中都不计 PE 线。IEC 规定有如下几种交流的带电导电系统：

图 1-25　单相两线系统

（1）单相两线系统，如图 1-25 所示。它是由单相变压器供电的系统，有两根相线，没有中性线，在发达国家多用于住宅类小型建筑物的供电。它不会发生因"断零"而引起烧坏用电设备的事故，对用电设备比较安全。图 1-25 中字母 L 为相线的符号，相线在英文中为 phase conductor 或 line conductor，IEC 取 line 的第一个字母为相线的符号。

（2）单相三线系统。它也是由单相变压器供电的系统，其接线如图 1-26 所示。从两绕组的连接点引出中性线，两端各引出一根相线。因两相线电流处于同一相位，所以称作单相三线系统。图中字母 N 为中性线的符号，中性线在英文中为 neutral conductor，IEC 取 neutral 的第一个字母为中性线符号。

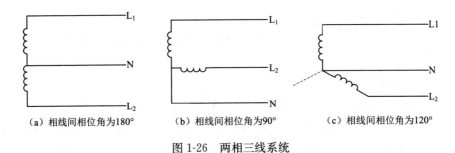

（a）相线间相位角为180°　　（b）相线间相位角为90°　　（c）相线间相位角为120°

图 1-26　两相三线系统

（3）两相三线系统。如图 1-26 所示，这种系统有三种形式。图 1-26（a）所示的系统与图 1-27 单相三线系统近似，但接线有所不同，因两根相线的电流相位相反，差 180°，它被称作两相三线系统。这种系统在有些发达国家被广泛应用。和图 1-27 一样，它可引出两种电压，如 240 V 和 120 V。240 V 用于供电热等大负荷用电，使用设备的设计更为合理，120 V 用于自插座接电的小家用电器和照明用具，以降低事故时的接触电压，使人身更为安全。

图 1-26 的系统也为两相三线系统，但变压器的设计使两相线的电流差 90°的相位角。这种系统应用较少。图 1-26（c）所示为自三相星形绕组变压器引出的两相三线系统，它可给电焊机之类的单相 380 V 用电设备供电，也可给厂区或庭院路灯照明供电，以减少照明线路过长引起的过大电压降。

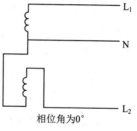

相位角为0°

图 1-27　单相三线系统

（4）三相三线系统。这种系统没有中性线，只有三根相线，其电源变压器绕组有星形和三角形两种接线方式，如图 1-28 所示，可用以供电给不需要 220 V 电源电压的三相 380 V 用电设备。

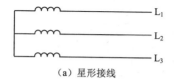

（a）星形接线

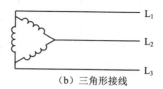

（b）三角形接线

图 1-28　三相三线系统

（5）三相四线系统。这是应用最广的带电导体系统，除三根相线外，还有一根中性线或兼具中性线和接地线功能的 PEN 线，如图 1-29 所示。

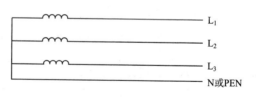

图 1-29　三相四线系统

4. 接地系统的分类

接地系统分 TN、TT 和 IT 三种类型，这些接地系统的文字符号的含义如下。

第一个字母说明电源端带电导体与大地的关系：

T：电源端带电导体上的一点（通常是 PEN 线，T 是"大地"一词法文 terre 的第一个字母）。

I：电源与大地隔离或电源端带电导体上的一点经高阻抗（如 100 Ω）与大地直接连接（I 是"隔离"一词法文 isolation 的第一个字母）。

第二个字母说明电气装置的外露导电部分与大地的关系：

T：电气装置的外露导电部分直接接大地，它与电源的接地无联系。

N：电气装置的外露导电部分通过与接地的电源中性点的连接而接地（N 是"中性点"一词法文 neutre 的第一个字母）。

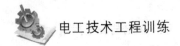
在接地系统中，PE 和 PEN 被用作保护接地连接导线的符号。下面分别介绍三种接地系统的组成和与大地的关系。

（1）TN 系统。

按以上符号含义可知 TN 系统的电源的一点（中性点）是不经阻抗直接接地的，电气装置的外露导电部分则是通过与接地的中性点的连接而接地的。TN 系统按中性线和 PE 线的不同组合方式又分为三种类型：

1）TN-C 系统——在全系统内 N 线和 PE 线是合一的（C 是"合一"一词法文 combiner 的第一个字母），如图 1-30 所示。

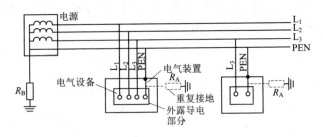

图 1-30　TN-C 系统

2）TN-S 系统——在全系统内 N 线和 PE 线是分开的（S 是"分开"一词法文 separer 的第一个字母），如图 1-31 所示。

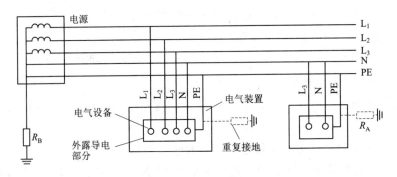

图 1-31　TN-S 系统

3）TN-C-S 系统——在全系统内，仅在电气装置电源进线点前 N 线和 PE 线是合一的，电源进线点后即分为两根线，如图 1-32 所示。

（2）TT 系统。

按符号含义可知 TT 系统的电源的一点是不经阻抗直接接地的，其外露导电部分的保护接地也是直接接地的，即其系统接地和保护接地是分开设置，在电气上是不相关联的，如图 1-33 所示。

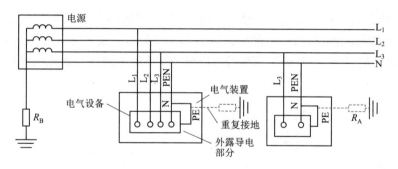

图 1-32　TN-C-S 系统

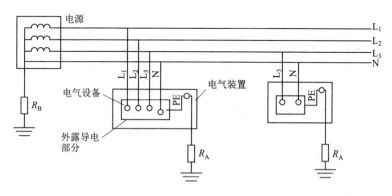

图 1-33　TT 系统

（3）IT 系统。

按符号含义可知 IT 系统的电源是不接地或经高阻抗接地的，其外露导电部分则是直接接地的，如图 1-34 所示。

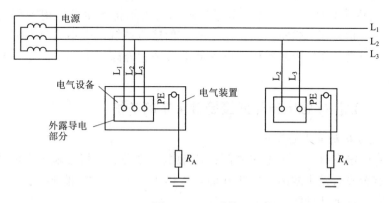

图 1-34　IT 系统

TN-S 系统内 N 线和 PE 线的分开是从变电所或发电站低压配电盘出线处开始的。因为从变压器或发电机到低压配电盘的一段线路很短，可将它们看

成一个电源点，这一点内一小段 PEN 线的阻抗可忽略不计，因此从电源低压
配电盘可同时引出相线、中性线、PEN 线和 PE 线。换言之，可同时引出除
IT 系统外的 TN-S、TN-C、TN-C-S 以至于 TT 等不同接地系统的供电线路，
如图 1-35 所示。

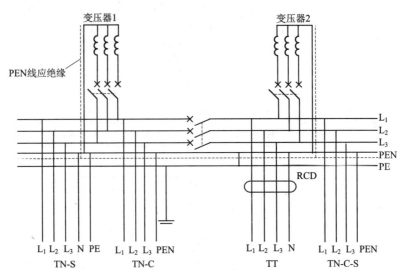

图 1-35 同一电源可引进出 TN-S、TN-C、TT 和 TN-C-S 系统

从上列各接地系统可知，单电源条件下，在 TN-C 和 TN-C-S 系统中，
在电气装置外的低压配电线路上只要有可能就需将 PEN 线做重复接地，它
是对系统接地的重复。因为 PEN 线内有中性线电流产生的电压降导致 PEN
线的对地电位，重复接地可降低这一电位。从图 1-35 可知，TT 系统和
TN-S 系统内中性线是不允许做重复接地的，否则将产生杂散电流引起种种
不良后果。但对 PE 线而言，无论是哪一种接地系统，也不论是在装置内或
外，只要可能将 PE 线多次接地以降低电气装置外露导电部分的电位总是有
好处的。

■1.4.5 直接接触电击与间接接触电击的防护

1. 直接接触电击的防护

人身电击有直接接触电击和间接接触电击之分。直接接触电击的防护是
指电气装置没有发生故障正常工作时，人体不慎触及带电部分的电击事故的
防护。它有以下几种防护措施：

（1）带电部分的绝缘覆盖。

在采用这种防护措施时，电气设备带电部分全被绝缘物质覆盖，以防人
体与带电部分直接接触。只有在绝缘遭到破坏或损伤时这一防护措施才失效。

工厂生产的电气设备，其绝缘应符合产品标准对绝缘的要求，它应能在正常使用寿命期间耐受所在场所的机械、化学、电和热的影响。油漆、凡立水之类的物质不能用作防直接接触电击的绝缘。在施工现场安装中采用的防直接接触电击的绝缘物质也应像工厂产品的绝缘物质那样，通过检验来验证其是否具有相同的绝缘性能。

（2）遮拦或外护物。

这一措施是用遮拦或外护物来阻隔人体触及带电部分。所谓遮拦是指只能从任一通常接近方向来阻隔人体接触的措施，如在车间内离地高处沿墙面敷设人体接触不到的裸母线，但母线经过一定高度的通风平台时，裸母线离平台地面的高度不足 2.5 m 可能被站在通风平台上的维护管理人员不经心地触及。为此在工程安装时需在通风平台靠近裸母线处安置遮拦，从面对墙的方向阻隔人体的接触。外护物是指能从所有方向阻隔人体接触的措施，如制造厂为电气设备配置的设备外壳，现场施工中敷设导线用的槽盒、套管等都是外护物。这种措施应能防止大于 12.5 mm 的固体物或人的手指进入，即其防护等级应至少为 IP2X。带电部分的上方如需防护，其防护等级应至少为 IP4X，即需防大于 1 mm 的固体物进入。遮拦和外护物应牢固地加以固定，并能长期持续地保证其有效，它只能在使用工具或钥匙或断开带电部分电源的条件下才能挪动。

（3）阻挡物。

这一措施只能防人体无意地与带电部分接触，或防操作人员操作带电的电气设备时不小心触及带电部分，如用栏杆、网屏、栅栏等阻拦人体接近带电部分。它对洞孔的尺寸没有要求，只是对接近带电部分的人起阻拦一下的提醒作用。阻挡物不需使用工具或钥匙就可挪动，但需注意其固定的可靠性，以防被不知晓电气危险的人无意识地挪动位置。

（4）带电部分置于伸臂范围以外的布置。

这一措施也只能用以防范人体与带电部分的无意接触。它使人体可同时触及的不同电位（如任一电位与地电位）部分之间的距离大于人体伸臂的距离。这一距离 IEC 标准规定为 2.5 m，如图 1-36 所示。图中 2.5 m 为人体左右平伸两臂的最大水平距离，或向上伸臂后与人体所站地面 S 间的最大垂直距离；1.25 m 为人体向前伸臂与所站位置间的最大水平距离；0.75 m 为人体下蹲，伸臂向下弯探的最大水平距离。这些距离都是对没有持握工具、梯子之类物体的空手人而言的。如人手中持握物件，则伸臂距离应相应加长。如果人站立的水平方向有上述防护等级低于 IP2X 的阻挡物阻挡时，则伸臂距离应不自人体而自阻挡物算起。在向上伸臂的方向内，即使有上述阻挡物，伸臂范围仍自图 1-36 所示站立面 S 算起。

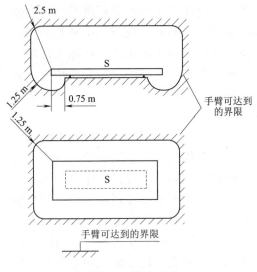

图 1-36　伸臂范围

（5）装用 30 mA RCD 的后备措施。

如果上述四种防直接接触电击的措施因故失效，如家用电器电源插头线上的绝缘破损线芯外露，又如防护用的遮拦被人挪走，这时如果回路上装有额定动作电流不大于 30 mA 的瞬动 RCD，则 RCD 还可在人体触及带电导体时切断电源避免一次电击伤亡事故。这一措施称作前四种措施的后备措施。

需要说明它只能作为后备措施，不能替代上述四种防直接接触电击的主要措施。这是因为在发生直接接触时，如人体同时触及的是同一回路两个不同电位的带电导体，如触及一回路内的相线和中性线，人体将遭受电击，但因故障电流 I_d 在 RCD 电流互感器磁路内产生的磁场方向相反互相抵消，RCD 将无法动作，如图 1-37 所示。另外，当站立地面的人体一手触及 220 V 相线时，假如人体阻抗为 1500Ω，则接触电流约为 150 mA，为 RCD 额定动作电流 30 mA 的 5 倍，按 RCD 产品标准，这时动作时间不大于 0.04 s，人体虽遭受一次电击的痛楚，但不致引发心室纤颤而致死，但如果 RCD 因种种原因动作稍缓，仍然有电击致死的危险，所以用 RCD 防直接接触电击并非绝对可靠。因此不能因为有 RCD 做后备措施而忽视对上述四种防直接接触电击措施的设置和检验。

2. 间接接触电击的防护

当电气装置因绝缘破损发生接地故障，原本不带电压的电气设备外露导电部分因此带对地故障电压时，人体接触此故障电压而遭受的电击，称作间接接触电击。接地故障即带电导体与地间的短路，如图 1-38 所示。"地"是指电气装置内与地连接的电气设备金属外壳之类的外露导电部分，建筑物内金属结构、管道之类的装置外导电部分和大地。接地故障引起的间接接触电击事故是最常见多发的电击事故。接地故障引起的电弧、电火花也是最常见多发的电气火灾起火源。就电气灾害而言，接地故障远较带电导体间的短路具有更大的危险性，而对接地故障引起的间接接触电击的防护则远比直接接触电击复杂。为便于区别和说明，IEC 标准不称它为"接地短路"，而称为"接地故障"。

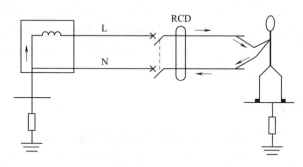

图 1-37　人体接触回路两带电导体 RCD 不动作

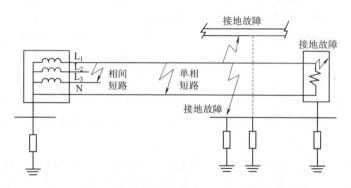

图 1-38　接地故障和带电导体间的短路

间接接触电击既由接地故障引起，其防护措施就因接地系统类型的不同而各不相同。间接接触电击防护措施中的一部分是在电气设备的产品设计和制造中予以配置，另一部分则是在电气装置的设计安装中予以补充的，即间接接触电击的防护措施系由电气设备设计和电气装置设计相互组合来实现。IEC 产品标准将电气设备的产品按防间接接触电击的不同要求分为 0、Ⅰ、Ⅱ、Ⅲ 四类，用以表征各类设备对防电击的不同措施。这里将不做详细介绍。

1.4.6　电气防火防爆

电气设备发生事故时，很容易造成火灾或爆炸。电气线路、开关、熔丝、照明器具、电动机、电炉及电热器具等设备在出现事故或使用不当时，会产生电火花、电弧或发热量大大增加，此时当接近或接触可燃物体时，就会引起火灾。电力变压器、互感器、电力电容器等设备，除可能引起火灾以外，还可能发生爆炸。

一般来说引起电气火花或爆炸主要有这样一些原因：电气设备内部出现短路；电气设备严重过载；电路中的触点接触不良；电气设备或线路的绝缘损坏或老化；电气设备中的散热部件或通风设施损坏等。对于有火灾或爆炸危险的场所，在选用和安装设备时，应选择合理的类型，如防爆型、密封型、防尘型等。为防止火灾或爆炸，应严格遵守安全操作规程和相关规定，确保电气设备的安全、正常运行。同时，安排定期检查，确保通风良好，排除事故隐患，装设通用或专用消防设备。

■ 1.4.7　静电的防护

静电荷的积累堆积形成静电，电荷越多电位越高。绝缘体之间相互的摩擦会产生静电，日常生活中静电现象一般不会造成危害。工业上有不少场合会产生静电，如石油、塑料、化纤、纸张等在生产和运输的过程中，由于固体的摩擦、气体和液体的混合及搅拌都可能产生积累静电，静电电压有时可达几万伏。高的静电电压不仅给工作人员带来危害，而且当发生静电放电形成火花时，可能引起火灾和爆炸。例如，曾有巨型油轮和大型飞机因油料静电而引起火灾和爆炸等事故发生。为了防止静电的危害发生，基本的方法是限制静电的产生和积累，防止静电放电而引起火花。常见的措施有以下几点：

（1）限制静电的产生。例如，减少摩擦，防止传动带打滑，降低气体、粉尘和液体的流速。

（2）给静电提供转移和泄漏的路径。尽量采用导电材料制造容易产生静电的零部件。在绝缘物质中掺入导电物质，适当增加空气的相对湿度。

（3）利用异极性电荷中和静电。

（4）采用防静电接触。

第 2 章

常用电工工具和低压控制电器

2.1　常用电工工具及材料

电工工具是电气操作的基本工具。工具不合格、质量不好或者使用不当，都将影响施工质量，降低工作效率，甚至造成事故。对电气操作人员，必须掌握电工常用工具的结构、性能和正确的使用方法。

■ 2.1.1　常用电工工具及使用方法

1. 验电笔

验电笔，电工常叫它试电笔，简称电笔，其构造如图 2-1 所示。验电笔是用来检查测量低压导体和金属外壳是否带电的一种常用工具。它具有体积小、重量轻、携带方便、检验简单等优点，是电工必备的工具之一。验电笔常做成钢笔式结构，有的也做成小型螺丝刀结构，前端是金属探头，后部塑料外壳内装有氖泡、电阻和弹簧，上部有金属端盖或钢笔型挂鼻，使用时作为手触及的金属部分。普通低压验电笔的电压测量范围在 60～500 V，低于 60 V 时电笔的氖泡可能不会有发光显示。高于 500 V 的电压表不能用普通验电笔来测量，否则会造成人身触电。

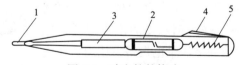

图 2-1　验电笔的构造

1—工作触头；2—氖灯；3—碳精电阻；4—握柄；5—弹簧

当用验电笔测试带电体时，带电体上的电荷经笔尖（金属体）、氖泡电阻弹簧、笔尾端的金属体，再经过人体接入大地，形成回路。带电体与大地之

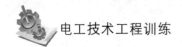

间的电压超过 60 V 后，氖泡便会发光，指示被测物体有电。

（1）使用验电笔之前，首先要检查验电笔里面有无安全电阻，再直观检查验电笔是否损坏，有无受潮或进水，检查合格后方可使用。

（2）在使用验电笔测量电气设备是否带电之前，先要将验电笔在有电源的部位检查一下氖泡是否能正常发光，若验电笔氖泡能正常发光，则可开始使用。

（3）如果需在明亮的光线下或阳光下测试带电体时，应当避光检测电气是否带电，以防光线太强不易观察到氖泡是否发亮，造成误判。

（4）大多数验电笔前端的金属探头都制成一物两用的小螺丝刀，在使用中应特别注意验电笔当作螺丝刀使用时，用力要轻，扭矩不可过大，以防损坏。

（5）验电笔在使用完毕后应保持清洁，放置干燥处，严防摔碰。

2. 螺丝刀

螺丝刀又称起子。其头部形状常见有一字形和十字形两种，手握部分制作成为木柄或塑料手柄，其结构如图 2-2 所示。近年来，还生产了多用组合式螺丝刀。螺丝刀的大小尺寸和种类很多，在使用中要注意以下几点：

（1）螺丝刀手柄要保持干燥清洁，以防带电操作中发生漏电。

（2）在使用小头较尖的螺丝刀松螺钉时，要特别注意用力均匀，严防手滑触及其他带电体或者刺伤另一只手。

（3）切勿将螺丝刀当錾子使用，以免损坏螺丝刀手柄或刀刃。

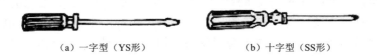

（a）一字型（YS形）　　　　　　　（b）十字型（SS形）

图 2-2　螺丝刀的结构

3. 钢丝钳

钢丝钳常称为钳子，其结构如图 2-3 所示。钢丝钳的用途是夹持或折断金属薄板以及切断金属丝。钢丝钳有两种，电工应选用有绝缘手柄的那种。一般钢丝钳的绝缘护套耐压为 500 V，所以只适合在低压带电设备上使用。在使用钢丝钳时也应注意以下两点：

图 2-3　钢丝钳的结构

（1）注意防潮，勿碰坏柄套以防触电。钳轴要经常上油，防止生锈。

（2）要保持钢丝钳清洁，带电操作时，手与钢丝钳的金属部分保持 2 cm 以上的距离。

4. 尖嘴钳

尖嘴钳的头部尖细，适用于狭小的工作空间或带电操作低压电气设备，尖嘴钳可制作小接线鼻子，也可用来剪断细小金属丝。它适用于电气仪器仪表制作或维修过程，又可以作家庭日常修理的工具，使用灵活方便。电工维修人员在选用尖嘴钳时，也应选用带有以耐酸塑料套管制成的绝缘手柄类型，耐压应在 500 V 以上，其结构如图 2-4 所示。

图 2-4　尖嘴钳的结构

5. 电工刀

电工刀适于电工在装配维修工作中割削电线绝缘外皮以及割削绳索木桩等。电工刀的结构与普通小刀相似，它可以折叠，尺寸有大小两号，还有一种多用型的，既有刀片，又有锯片和锥针，不但可以削电线还可以锯割电线槽板，锥钻底孔，使用起来非常方便。使用电工刀要注意以下两点：

（1）使用电工刀时切勿用力过猛，以免不慎划伤手指。

（2）一般电工刀的手柄是不绝缘的，因此严禁用电工刀带电操作。电工刀的结构如图 2-5 所示。

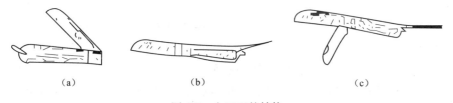

（a）　　　　　　　　　（b）　　　　　　　　　（c）

图 2-5　电工刀的结构

6. 电烙铁

电烙铁是电工常用的焊接工具，可用来焊接电线接头、电气元件接点等。电烙铁的工作原理是利用电流通过发热体（电热丝）产生的热量熔化焊锡后进行焊接。电烙铁有外热式、内热式和感应式等多种。在使用电烙铁时应注意以下几点：

（1）新烙铁应在使用前先用砂纸把烙铁头打磨干净，然后在焊接时和松香一起在烙铁头上沾上一层锡（称为搪锡）。

（2）在使用电烙铁时一般用松香作为焊剂，特别是电线接头、电子元件的焊接，一定要用松香作为焊剂，严禁用盐酸等带有腐蚀性的焊锡膏焊接，以免腐蚀印刷电路板或使电气线路短路。但在用电烙铁焊接金属铁、锌等物质时，可用焊锡膏做焊剂。

（3）在焊接中发现紫铜制的烙铁头氧化不易沾锡时，可将铜头用锉刀锉去氧化层，在酒精内浸泡后再用，切勿浸入酸内浸泡以免腐蚀烙铁头。

（4）在焊接电子元器件时，最好选用低温焊丝，头部涂上一层薄锡后再焊接。焊接场效应晶体管时，应将电烙铁电源线插头拔下，利用余热去焊接，以免损坏管子。

7. 剥线钳

剥线钳专供电工用于剥离导线头部的一段表面绝缘层。它的特点是使用方便，绝缘层切口处整齐，且不会损伤铜（铝）线，因此剥线钳是电工或电气安装工人常备的一种工具，其结构如图 2-6 所示。

8. 手电钻

手电钻目前常用的有手枪式和手提式两种，电源一般为 220 V，也有三相 380 V 的。手电钻大多数装备的是单相交直流两种串激电动机，它的工作原理是接入 220 V 交流电源后，通过整流子将电流导入转子绕组，转子绕组所通过的电流方向和定子激磁电流产生的磁通方向是同时变

图 2-6　剥线钳的结构

化的，从而使手电钻上的电动机按一定方向运转。使用手电钻时应注意以下两点：

（1）拆装钻头时使用专用钥匙，切勿用螺丝刀和手锤敲击电钻夹头。装钻头要注意钻头保持同一轴线，以防钻头在转动时来回摆动。

（2）在使用手电钻过程中，钻头应垂直于被钻物体，用力要均匀，当钻头被被钻物体卡住时，应停止钻孔，检查钻头是否卡得过松，应重新紧固钻头后再使用。

■ 2.1.2　常用电工材料

常用的电工材料有绝缘材料、导电材料和磁性材料。电工材料按其电阻率的大小又分为绝缘材料（电阻率为 $10^9 \sim 10^{22}$ $\Omega \cdot cm$）、导电材料（电阻率为 $10^{-6} \sim 10^{-2}$ $\Omega \cdot cm$）及半导体材料（$10^{-2} \sim 10^9$ $\Omega \cdot cm$）三类。一般可认为绝缘材料是不导电的，实际上绝缘材料在直流电压作用下会有极微弱的泄漏电流通过。绝缘材料也称电介质。

1. 绝缘材料的用途和分类

电绝缘材料具有较高的绝缘电阻和耐压强度，并能避免发生漏电、击穿等事故；其次耐热性能要好，其中尤其以不因长期受热作用（热老化）而产生性能变化最为重要；此外还应有良好的导热性、耐潮和有较高的机械强度以及工艺加工方便等特点。绝缘材料用途很大，在各类电工产品中，绝缘材料起着不同的作用。例如，在橡套电缆中，绝缘材料起着绝缘和防护导体的

作用；在油浸式变压器中，变压器油起着绝缘散热作用；在一些开关电器中，绝缘材料还分别起着机械支撑、灭弧等作用。电工产品的质量和寿命，往往在很大程度上取决于绝缘材料的优劣。

绝缘材料可根据其不同的特征进行分类。

（1）按照材料的物理状态分为气体绝缘材料、液体绝缘材料、固体绝缘材料、弹性绝缘材料。

（2）按照材料的化学成分分为有机绝缘材料、无机绝缘材料。

（3）按照材料的用途分为高压工程材料、低压工程材料。

（4）按照材料的来源还可以分为天然绝缘材料和人工合成绝缘材料等。

2. 常用绝缘材料的电气性能和用途

（1）六氟化硫（SF_6）。SF_6 是一种无色无臭、不燃、不爆的惰性气体。它具有较高的热稳定性和化学稳定性，甚至在 500 ℃时仍不分解，绝缘灭弧性能良好，主要用于全封闭组合电器、电力变压器、电容器、避雷器以及高压套管的制造等。

（2）变压器油。变压器油是一种天然的绝缘油，由石油润滑油分馏，经脱蜡、酸、碱、洗涤精制所得，主要用于变压器的绝缘、散热。10 号（DB-10）油用于环境温度在 −10 ℃以上的变压器；25 号（DB-25）油用于环境温度在 −25 ℃以上的变压器；45 号（DB-45）油用于环境温度在 −45 ℃以上的变压器。

（3）绝缘漆。绝缘漆是由作为漆基的成膜材料和其他辅助材料组成。浸渍漆主要用于浸渍电机、电器的线圈和绝缘零部件，以填充间隙。其中沥青漆（1010）A 级绝缘，耐潮性好，供浸渍不要求耐油的电机线圈。漆包线漆主要用于导线的涂覆绝缘。例如，缩醛漆，漆膜耐刮性、耐热冲击性、耐水解性能、耐油性好，可涂制高强度漆包线。

（4）绝缘胶。绝缘胶在电工设备中广泛应用于浇注电缆接头和套管，浇注互感器、干式变压器等。例如，黄电缆胶（1810）和黑电缆胶（1811 或 1812）。

（5）电工用薄膜。电工用薄膜的特点是厚度薄、柔软、耐潮，电气性能和力学性能好。其厚度范围在 0.006～0.5 mm。例如，聚酯薄膜，E 级绝缘，可用作低压电机、电器线圈匝间、端部包扎绝缘、衬垫绝缘、电磁线绕包绝缘、E 级电机槽绝缘和电容器介质。

（6）电工用黏带。电工用黏带有薄膜黏带、织物黏带和无底材黏带三类。薄膜黏带是在薄膜的一面或两面涂以胶黏剂，经烘培、切带而成；织物黏带是以无碱玻璃布或棉布为底材涂以胶黏剂，经烘培、切带而成；无底材黏带是由硅橡胶或丁基橡胶和填料、硫化剂等经混炼、挤压而成。例如，聚乙烯薄膜纸黏带，包扎服帖，使用方便，可作电线接头包扎绝缘。有机硅玻璃黏带有较高的耐热性、耐寒性和耐潮性，以及较好的电气性能和力学性能，可用于 H 级电机、电器线圈绝缘和导线连接绝缘。

（7）电工用塑料。电工用塑料是由合成树脂、填料和各种添加剂等配制而成的粉状、粒状或纤维状材料，在一定的温度、压力下，可加工成各种规格形状的电工设备绝缘零部件，以及作为电线电缆绝缘和护层材料。

3. 导电材料的用途和分类

各种金属材料都能导电，但它们的导电性能不同，最好是银，依次是铜、铝、钨、锌等，但不是所有金属都可以作为导电材料。作为导电材料的金属应具有导电性能好（电阻系数小），不易氧化和腐蚀，有一定的机械强度，容易加工和焊接，资源丰富，价格便宜等特点。因此，铜和铝是目前最常用的导电材料。导电材料是主要的电工材料之一。几乎和绝缘材料相反，导电材料主要是用来传导电流的，当然也有用来发生热、光、磁或化学反应的。从材料的物理状态来看，固体导电材料特别是其中的金属，是最常用的导电材料，如铜和铝。液体导电材料如熔融的金属和酸、碱、盐的溶液。气体中存在离子或自由电子时，也可作为导电材料。从材料的性能和用途来看，常用的固体导电材料又可分为高电导材料和特殊用途的导电材料两大类。高电导材料主要是指以纯金属为主的一些材料，如铜、铝及其合金等。特殊用途导电材料则包括高电阻材料、电热材料、电碳制品等。

4. 磁性材料

物质在磁场的作用下显示出磁性的现象叫磁化。各种物质在磁场的作用下，都会呈现出不同的磁性。常用的磁性材料是指铁磁性物质，是电气产品中的主要材料。

铁磁性材料按其性能不同可分为软磁材料和硬磁材料两大类。

（1）软磁材料。软磁材料一般指电工用纯铁、硅钢板等，主要用作要求导磁率 μ 很高的导磁回路。在交变磁场中作为磁路的软磁材料，还要求单位损耗小，即剩磁 B_r 和矫顽力 H_C 较小，因而磁滞现象不严重，是一种既容易磁化又容易去磁的材料，一般都是在交流磁场中使用，是应用最广泛的一种磁性材料。软磁材料主要用于制造变压器、扼流圈、继电器和电动机中作为铁芯导磁体。

（2）硬磁材料。硬磁材料的特点是在磁场的作用下达到磁饱和状态后，即使去掉磁场还能较长时间地保持强而稳定的磁性。硬磁材料具有大面积的磁滞回线特性，矫顽力和剩磁感应强度都很大，这种材料在外磁场中充磁，撤除外磁场后仍能保留较强的剩磁，形成恒定持久的磁场，故又称永磁材料。它主要用作储藏和提供磁能的永久磁铁，如磁电式仪器用的钨钢和铬钢，测量仪表和微电机用的铝镍钴、铁氧体和稀土永磁材料等。硬磁材料主要用来制造永磁电动机的磁极铁芯、磁电系仪表的磁钢等。

2.2　常用电工仪器、仪表

■ 2.2.1　电流表

测量电路中电流的仪表称电流表。电流表分交流、直流两大类。电流表在电气设备电路中是串联在被测电路中使用的，为了不影响电路本身的工作，要求电流表的内阻越小越好。电流表的外形如图 2-7 所示。

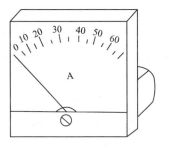

1. 直流电流表

直流电流表的接线端子分正负极性，串联在电路中时，电流应从电流表的正极流入，再从电

图 2-7　电流表的外形

流表的负极流出，图 2-8 为直接接入式直流电流表线路。电流表直接接入电路中使用时，只适用于测量电流不太大的电路。

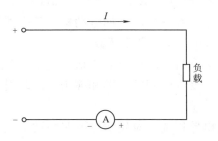

图 2-8　直接接入式直流电流表线路

由于工作的需要，有时需测量数十安到数百安的直流电流，由于电流表本身允许通过的电流是有限的，这就需要在电流表接线端子两端并联一只低值电阻，这只能通过很大电流的低值电阻叫分流器。分流器在电路中与负载串联，大部分被测电流通过分流器分流，而电流表并联在分流器两端，按比值只有少量被测电流流入，其接线方法如图 2-9 所示。

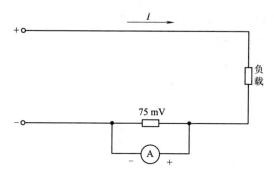

图 2-9　直流电流表接分流器线路

　　测量较大电流的电流表，表盘上一般都标示着配接外附分流器的符号。例如，50 A 电流表上标明 75 mV 的分流器，那么应选择 50 A、75 mA 的直流分流器。分流器是与电流表配套使用的。另外，在安装时还要注意使分流器与电流表之间的距离尽可能的近一些。一般选用多股铜线做导线连接为好，导线电阻应为（0.035＋0.002）Ω。

　　2. 交流电流表

　　在测量较小的电流时，交流电流表也是直接与负载串联，其接线线路如图 2-10 所示。但也有一种较老式的交流电流表，如 1T1-A 型电磁式交流表，其量程大，可串接互感器以后接入电路中，最大能测量 200 A 电流。

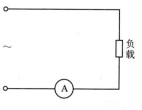

图 2-10　交流电流表直接
接入式线路

　　3. 电流表安装使用注意事项

　　（1）电流表的安装地点应清洁、干燥、无震动、无高温，且附近不存在强磁场，如电动机、变压器等。安装时，电流表应平正，安装位置应高低适当，便于读数。

　　（2）电流表在安装和拆卸之前，应先切断电源。搬运和装拆电流表时应小心，轻拿轻放，不可受到强烈的震动和撞击，以防损坏电流表的零件，特别是电流表的轴承和游丝。

　　（3）电流表接入电路以前，应先估计电路中被测电流的大小，判断是否在电流表最大量程以内，电流表的最大量程以被测量数据的 1.5～2 倍为宜。若被测参数为直流，还应预先判定极性，以免烧坏电流表。

　　（4）为了便于监视设备的运行情况，通常在电流表上标出设备的额定电流值或允许的电流值，以便在设备运行中加强监视，及时处理问题。

　　（5）为了使电流表有较高的测量精确度，在电流表的标度盘上用一黑点来区别标度盘的工作部分和非有效工作部分。通常，黑点以上（在标度盘的 20％～100％范围内）为工作部分，黑点以下（标度盘的 20％以下）为非有效工作部分。如果电流表测量的示值在黑点以下，应按要求调换合适的电流表或互感器，以保证测量的准确性。

（6）微安表一般都是磁电式仪表，其线圈、轴和指针都非常脆弱。为此，微安表使用后，应将电流表的两个接线柱短接，这样可以防止电流表损坏。

（7）外配电流互感器必须与仪表标定的变比值相符，精确度等级相匹配。

（8）因为电流互感器通常是在短路状态下运行的，其二次侧回路在任何时候都不得开路。其二次侧回路一旦开路，一次电流就会全部用于励磁，电流互感器的二次侧将产生峰值相当高的电压，对人身和仪器设备的安全造成威胁。因此，如果需要在运行中的电流互感器二次侧回路上工作，则必须按照有关安全工作规程的规定，将工作部分的电源侧妥善短路后，再进行工作。

（9）装有换向开关的电流表，当电动机启动时，应将换相开关转换到"0"位，以防止表针受到冲击。

（10）电流表的指针需经常注意做零位调整。若指针不在零位上，可旋动电流表上的零位校正螺钉，使指针指在零位位置。

▌2.2.2　电压表

测量电路电压的仪表叫电压表，也称伏特表。电压表一般以伏（V）为单位，也有的以千伏（kV）或者毫伏（mV）为单位。电压表的外形如图 2-11 所示。

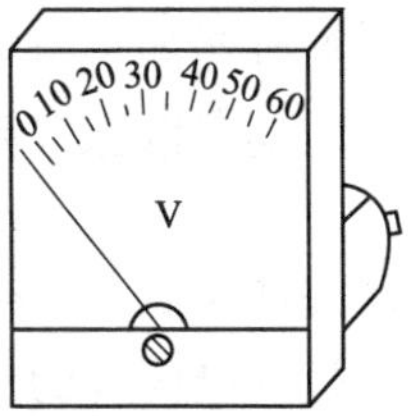

电压表可分为交流电压表和直流电压表两大类，无论是交流电压表还是直流电压表，均与被测电路并联连接，如图 2-12 所示。为了不影响电路本身的工作状态，电压表一般内阻很大，测量的电压越高，内阻也越大。通常测量较高电压的电压表里都串联着一只电阻，以减小电压表里所通过的电流。直流电压表的接线与交流电压表基本相同，只是电压表上的正、负极要与电路上的正、负极相对应。在电压较高的电气设备中不能用普通电压表直接测量时，可经电压互感器降压后再接入电压表，如图 2-13 所示。在应用中，电压互感器一次绕组应接到电压较高的线路上，二次绕组接在电压表两个接线柱上，电压互感器大都采用标准的电压比值。例如：3 000/100 V、6 000/100 V、10 000/100 V 等。这样，尽管电气设备上的电压高达 3 000 V，而接入电压表上的电压只有 100 V。

图 2-11　电压表的外形

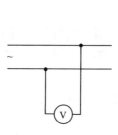

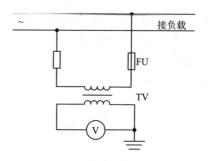

图 2-12 交流电压表   图 2-13 带电压互感器的电压表

电压表安装使用注意事项如下：

（1）电压表的安装地点应清洁、干燥、无震动、无高温，且附近不存在强磁场，如电动机、变压器等。且安装应牢固，不应松动与倾斜，安装位置应高低适当，便于读数。

（2）电压表在安装和拆卸之前，应先切断电源。仪表在运输、装卸中严禁冲击和碰撞。

（3）电压表接入电路以前，应先估计电路中被测电流的大小，判断是合在电压表最大量程以内，电压表的最大量程以被测量数据的 1.5～2 倍为宜。若被测参数为直流，还应预先判定极性，以免烧坏电压表。

（4）外配电压表互感器必须与仪表标定的变比值相符，与精确度等级相匹配。

（5）为了使电压表有较高的测量精确度，在电压表的标度盘上用一黑点来区别标度盘的工作部分和非有效工作部分。通常，黑点以上（在标度盘的 20%～100% 范围内）为工作部分，黑点以下（标度盘的 20% 以下）为非有效工作部分。如果电压表测量的示值在黑点以下，应按要求调换合适的电压表的互感器，以保证测量的准确性。

（6）毫伏表一般都是磁电式仪表，其线圈、轴和指针都非常脆弱。为此，毫伏表使用后，应将电压表的两个接线柱短接，这样可以防止电压表损坏。

（7）电压表的指针需经常注意做零位调整。若指针不在零位上，可旋动电压表上的零位校正螺钉，使指针指在零点位置。

▌2.2.3 功率表

功率表内部有两个线圈，一个是电流线圈，固定不动；另一个是电压线圈，可转动。测量时，由磁感应产生的电磁转矩使电压线圈转动，带动指针偏转使读数与电压、电流及相位差的余弦成正比。功率表的指针偏转方向与两个线圈中电流方向有关，为此要严格按照规定接线。端钮符号"□"表示接"电源端"。接线时应使两线圈的"□"号端接在同一极性上，无符号的分别接负载两端，接线方法如图 2-14 所示。

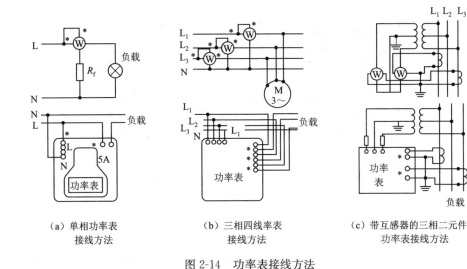

（a）单相功率表　　　　　（b）三相四线率表　　　　（c）带互感器的三相二元件
　　接线方法　　　　　　　　接线方法　　　　　　　　功率表接线方法

图 2-14　功率表接线方法

2.2.4　电能表

　　电能表俗称火表，又叫千瓦小时表、电度表。它是用来计量电气设备所消耗的电能仪表，具有累计的功能。电能表可分为单相电能表和三相电能表，精度一般为 2.0 级，也有 1.0 级的高精度电能表。单相电能表的外形如图 2-15 所示，用于单相用电设备（如照明电路）的电能计量，三相电能表用于三相用电设备（如三相异步电动机）的电能计量。

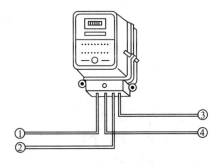

图 2-15　单相电能表的外形

2.2.5　万用表

　　万用表是一种多量程、用途广的仪表，可以用来测量交直流电压、交直流电流和电阻等电量。万用表有指针式和数字式之分，下面分别作简单介绍。

　　1. 指针式万用表

　　指针式万用表主要由表头、测量线路和转换开关三部分组成。表头是一个高灵敏度的磁电系微安表，通过指针和标有各种电量标度尺的表盘，用以指示被测电量的数值；测量线路用来把各种被测量转换到适合表头测量的直流微小电流；转换开关实现对不同测量线路的选择，以适应各种测量要求。各种型式的万用表外形布置不尽相同，下面以 MF47 型万用表为例，介绍它的使用方法。图 2-16 为 MF47 型万用表的面板示意图。

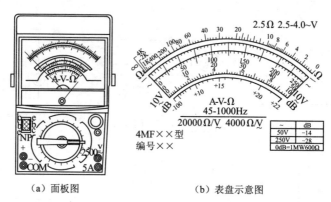

(a) 面板图　　　　　　　　(b) 表盘示意图

图 2-16　MF47 型万用表的面板示意图

正确使用步骤如下：

（1）正确接线。应将红色和黑色测试棒的插头分别插入红色插孔和黑色插孔。测量时手不要接触测试棒的金属部分。

（2）用转换开关正确选择测量种类和量程。根据被测对象，首先选择测量种类。严禁当转换开关置于电流挡或电阻挡时去测量电压，否则将损坏万用表。应在测量种类选择后，再选择该种类的量程。测量电压、电流时应使指针的偏转在量程的一半或 2/3 处，这样读数较为准确。

（3）使用前应检查指针是否在零位，若不在零位，可旋转表盖的调零器使指针指示在零位上。

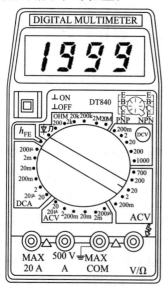

图 2-17　DT840 数字式万用表的
面板结构图

2. 数字式万用表

数字式万用表以其测量精度高、显示直观、速度快、功能全、可靠性好、小巧轻便、省电及便于操作等优点，受到人们的普遍欢迎，它已成为电子、电工测量以及电子设备维修等部门的必备仪表。下面以 DT840 数字式万用表为例，作简单介绍。

DT840 数字式万用表是一种结构坚固、电池驱动的三位半数字万用表，可以进行交直流电压（电流）、电阻、二极管、带声响的通断及晶体管放大系数 h_{FE} 的测试，并具有极性选择、过量程显示及全量程过载保护的特点。DT840 数字式万用表的面板结构图，如图 2-17 所示。

1）操作前注意事项

（1）将 ON-OFF 开关置 ON 位置，检查

9 V 电池电压值。如果电池电压不足，显示器左边将显示"LOBAT"或"BAT"字符，此时应打开后盖，更换电池。如无上述字符显示，则可继续操作。

（2）测试笔插孔旁边的正三角中有感叹号的，表示输入电压或电流不应超过指示值。

（3）测试前功能开关应置于所需的量程。

2）使用方法与要点

（1）直流电压、交流电压的测量。首先将黑表笔插入 COM 插孔，红表笔插入 V/Ω 插孔，然后将功能开关置于 DCV（直流）或 ACV（交流）量程，并将测试表笔连接到被测源两端，显示器将显示被测电压值。在显示直流电压值的同时，将显示红表笔端的极性。如果显示器只显示"1"表示超量程，功能开关应置于更高的量程（下同）。

（2）直流电流、交流电流的测量。首先将黑表笔插入 COM 插孔。测量最大为 2 A 的电流时，将红表笔插入 A 孔；测量最大值为 20 A 的电流时，将红表笔插入 20 A 的电流时，将红表笔插入 20 A 插孔。将功能开关置于 DCA 或 ACA 量程，测试表笔串联接入被测电路，显示器即显示被测电流值。在显示直流电流的同时，将显示红表笔端的极性。

（3）电阻的测量。首先将黑表笔插入 COM 插孔，红表笔插入 V/Ω 插孔（红表笔极性为＋，与指针式万用表相反），然后将功能开关置于 OHM 量程，两表笔连接到被测电阻上，显示器将显示被测电阻值。

（4）二极管的测试。首先将黑表笔插入 COM 插孔，红表笔插入 V/Ω 插孔，然后将功能开关置于二极管挡，将两表笔连接到被测二极管两端，显示器将显示二极管正向压降的 mV 值，当二极管反向时过载。

（5）检查二极管的质量及鉴别硅管、锗管。

①数字万用表的红表笔是表内电池的正极；黑表笔是表内电池的负极。

②测量结果：若在 1 V 以下时，红表笔为二极管正极，黑表笔为负极；若显示"1"（超量程），则黑表笔为正，红表笔为负。

③测量显示为：550～700 mV（0.55～0.7 V）者为硅管；150～300 mV（0.15～0.3 V）者为锗管。

④两个方向均超量程者，二极管开路；两个方向均显示 0 V 者，二极管击穿、短路。

⑤带声响的通断测试。首先将黑表笔插入 COM 插孔，红表笔插入 V/Ω 插孔，然后将功能开关置于通断测试挡（与二极管测试量程相同），将测试表笔连接到被测导体两端，如表笔之间的阻值低于约 30 Ω，蜂鸣器发声。

⑥晶体管放大系数 h_{FE} 的测试。首先将功能开关置于 h_{FE} 挡，然后确定晶

体管为 NPN 型或 PNP 型，并将发射极、基极、集电极分别插入相应的插孔，此时显示器将显示出晶体管放大系数 h_{FE} 的值（此时测试条件为基极电流 $I_b=10\ \mu A$，集电极与发射极之间电压为 2.8 V）。

（6）检查晶体管的质量及鉴别硅管、锗管（用表上的二极管挡或 h_{FE} 挡）。

①极性判断。红表笔接某极，黑表笔分别接其他两极，都出现超量程或电压都小，则红表笔为基极 b；若一个超量程，一个电压小，则红表笔不是 b 极，换位重测。

②判别管型。上面测量结果中，都超量程者为 PNP 管，电压都小（0.5～0.7 V）者为 NPN 管。

③判别 c、e 极。用 h_{FE} 挡。已知 NPN 管，基极 b 插入 B 孔，其他两极分别插入 C、E 孔，若 $h_{FE}=1～10$（或十几）时，表示三极管接反了；若 $h_{FE}=10～100$（或更大）时，接法正确。

2.2.6　兆欧表

兆欧表也叫绝缘电阻表，俗称摇表，它是用于测量各种电气设备绝缘电阻的仪表 。

电气设备绝缘性能的好坏，直接关系到设备的运行和操作人员的人身安全。为了对绝缘材料因发热、受潮、老化、腐蚀等原因所造成的损坏进行监测，或检查修复后电气设备的绝缘电阻是否达到规定的要求，需要经常测量电气设备的绝缘电阻。测量绝缘电阻应在规定的耐压条件下进行，所以必须采用备有高压电源的兆欧表，而不用万用表测量。

一般绝缘材料的电阻都在兆欧级（$10^6\ \Omega$）以上，所以兆欧表标度尺的单位以兆欧（MΩ）表示。

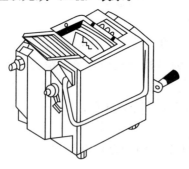

图 2-18　兆欧表外形

1. 兆欧表的接线和测量方法

兆欧表有三个接线柱，其中两个较大的接线柱上标有"接地 E"和"线路 L"，另一个较小的接线柱上标有"保护环"或"屏蔽 G"，如图 2-18 所示。

（1）测量照明或电力线路对地的绝缘电阻。按图 2-19（a）所示把线接好，顺时针摇摇把，转速由慢变快，约 1 min 后，发电机转速稳定时（120 r/min），表针也稳定下来，这时表针指示的数值就是所测得的电线与大地间的绝缘电阻。

（2）测量电动机的绝缘电阻。将兆欧表的接地柱机壳，L 接电动机的绕组，如图 2-19（b）所示，然后进行测量。

（3）测量电缆的绝缘电阻。测量电缆的线芯和外壳的绝缘电阻时，除将外壳接 E、线芯接 L 外，中间的绝缘层还需和 G 相接，如图 2-19（c）所示。

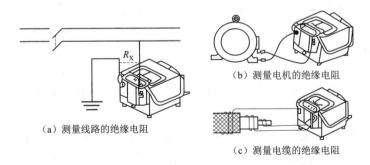

（a）测量线路的绝缘电阻
（b）测量电机的绝缘电阻
（c）测量电缆的绝缘电阻

图 2-19　兆欧表的接线图

2. 兆欧表的选用

根据测量要求选择兆欧表的额定电压等级。测量额定电压在 500 V 以下的设备或线路的绝缘电阻，选用电压等级为 500 V 或 1 000 V 的兆欧表；测量额定电压在 500 V 以上设备或线路的绝缘电阻时，应选用电压等级为 1 000～2 500 V 的兆欧表。通常在各种电器和电力设备的测试检修规程中，都规定有应使用何种额定电压等级的兆欧表。表 2-1 列出了在不同情况下选择兆欧表的要求，供使用时参考。

表 2-1　兆欧表电压等级选择

测试对象	被测设备的额定电压/V	所选兆欧表的额定电压/V
线圈的绝缘电阻	＜500	500
	＞500	1 000
发动机线圈的绝缘电阻	＜380	1 000
电力变压器、电动机线圈的绝缘电阻	＞500	1 000～2 500
电气设备绝缘	＜500	500～1 000
	＞500	2 500
绝缘子	—	2 500～5 000
母线、隔离开关	—	2 500～5 000

选择兆欧表时，要注意不要使测量范围超出被测绝缘电阻值过大，否则读数将产生较大的误差。有些兆欧表的标尺不是从 0 开始，而是从 1 MΩ 或 2 MΩ 开始的，这种兆欧表不适宜测量处于潮湿环境中低压电气设备的绝缘电阻。

3. 使用兆欧表的注意事项

（1）测量电气设备绝缘电阻时，必须先断电，经短路放电后才能测量。

（2）测量时兆欧表应放在水平位置上，未接线前先转动兆欧表做开路试验，看指针是否指在"∞"处，再把 L 和 E 短接，轻摇发电机，看指针是否为"0"。若开路指"∞"，短路指"0"，则说明兆欧表是好的。

（3）兆欧表接线柱的引线应采用绝缘良好的多股软线，同时各软线不能绞在一起。

（4）兆欧表测完后应立即使被测物放电，在兆欧表摇把未停止转动和被测物未放电前，不可用手去触及被测物的测量部分或进行拆除导线，以防触电。

（5）测量时，摇动手柄的速度由慢逐渐加快，并保持 120 r/min 左右的转速的 1 min，这时读数较为准确。如果被测物短路，指针指零，应立即停止摇动手柄，以防表内线圈发热烧坏。

（6）在测量了电容器，较长的电缆等设备的绝缘电阻后，应先将"线路 L"的连接线断开，再停止摇动，以避免被测设备向兆欧表倒充电而损坏仪表。测量电解电容的介质绝缘电阻时，应按电容器耐压的高低选用兆欧表。接线时，使 L 端与电容器的正极相连接，E 端与负极相连接，切不可反接，否则会使电容器击穿。

2.3　常用低压控制电器

■ 2.3.1　低压电器的基本知识

低压电器一般是指交流 1 200 V、直流 1 500 V 及以下的在电力线路中起保护、控制或调节等作用的电器。低压电器的种类很多，按其用途或所控制的对象可分为低压配电电器和低压控制电器两大类。低压配电电器主要用于低压配电系统中，要求工作可靠，在系统发生异常情况下动作准确，并有足够的热稳定性和动稳定性。低压配电电器主要有刀开关、组合开关、自动开关、熔断器、保护继电器等。低压控制电器主要用于电力传动系统中，要求使用寿命长，体积小，重量轻，工作可靠。低压控制电器主要有接触器、控制继电器、主令电器等。

■ 2.3.2　低压开关

低压开关主要用作隔离、转换以及接通和分断电路用。多数作为机床电路的电源开关、局部照明电路的控制，有时也可用来直接控制小容量电动机的启动、停止和正反转控制。低压开关一般为非自动切换电器，常用的主要类型有刀开关、组合开关和低压断路器等。

1. 刀开关

刀开关也称闸刀开关，适用于频率为 50 Hz/60 Hz、额定电压为 380 V（直流为 440 V）、额定电流为 150 A 以下的配电装置中，主要作为电气照明电路、电热回路的控制开关，也可作为分支电路的配电开关，具有短路或过载保护功能。刀开关一般不宜在负载下切断电源，常用作电源的隔离开关，以便对负载的设备进行检修。在负载功率比较小的场合（如功率小于 7.5 kW 的龙型异步电动机的手动控制），也可以用作电源开关，进行直接启停操作。

1）结构

刀开关主要由刀开关和熔断器组合而成，瓷质底座上装有静触头、熔丝接头、瓷质手柄等，并有上、下胶盖来遮盖电弧，其结构如图 2-20（a）所示，电气符号如图 2-20（b）所示（三级式多一组动、静触点）。它具有结构简单、价格便宜、安装使用维修方便等优点。

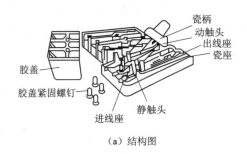
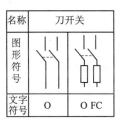

（a）结构图　　　　　　　　　　（b）电气符号

图 2-20　刀开关

负荷开关可分为二极和三极两种，二极式额定电压为 250 V，三极式额定电压为 500 V。常用负荷开关的型号为 HK 和 HH 系列，其型号含义如下：

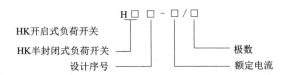

例如：HK130/20，各标示意义为："HK"表示开关类型为开启式负荷开关，"1"表示设计序号，"30"表示额定电流为 30 A，"2"表示单相，"0"表示不带灭弧罩。

2）使用方法

（1）额定电压、额定电流及极数的选择应符合电路要求。控制单相负载时，选用 250 V 二极开关，控制三相负载时，选用 500 V 三极开关。

（2）用于控制照明电路或其他电阻性负载时，开关熔丝额定电流应不小

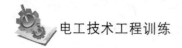

于各负载额定电流之和,若控制电动机或其他电感性负载时,其开关熔丝额定电流是最大一台电动机额定电流的2.5倍。

(3)选择开关时,应注意检查动刀片对静触点接触是否良好、是否同步。如有问题,应予以修理或更换。

3)注意事项

(1)安装时,瓷底板应与地面垂直,手柄向上推为合闸,不得倒装和平装。因为闸刀正装便于灭弧,而倒装或横装时灭弧比较困难,易烧坏触头,再则因刀片的自重或振动,可能导致误合闸而引发危险。

(2)接线时,螺丝应紧固到位,电源进线必须接闸刀上方的静触头接线柱,通往负载的引线接下方的接线柱。

(3)安装后应检查闸刀和静触头是否成直线和紧密可靠连接。

(4)更换熔丝时,必须先拉闸断电后,按原规格安装熔丝。

2. 组合开关

组合开关又称转换开关,实际上也是一种刀开关,不过它的刀片是转动式的,其结构如图2-21所示。多极的转换开关是由数层动触点组装而成的,动触点安装在操作手柄上,当操作手柄转动时,可以同时使一些触点合拢,另一些触点断开,故转换开关可以同时切换多条电路。转换开关适用于交流频率为50 Hz/60 Hz、额定电压为380 V(直流至440 V)、额定电流有6 A、10 A、15 A、25 A、60 A、100 A等多种。主要在电气设备中作为电源引入开关,用于非频繁地接通和分断电路、换接电源或作为5.5 kW以下电动机的直接启动、停止、反转和调速开关使用,其优点是体积小、寿命长、结构简单、操作方便、灭弧性能较好,多用于机床控制电路。

HZ系列组合开关其型号含义如下:

例如:HZ55-30P/3,各标示意义为:"HZ"表示开关类型为组合开关,"55"表示设计序号,"30"表示额定电流值大小为30 A,"P"表示二路切换,"3"表示极数为三极。

1)结构

(1)转换开关。转换开关主要由手柄、转轴、凸轮、动触片及接线柱等组成,HZ5-30/3转换开关的外形如图2-21(a)、结构如图2-21(b)及电气符号如图2-21(c)所示。

(2)倒顺开关。倒顺开关又称可逆转开关,是转换开关的一种特例,多用于机床的进刀、退刀,电动机的正、反转和停止的控制或升降机的上升、下降和停止的控制，也可做控制小电流负载的负荷开关，其外形和结构如图 2-22（a）所示，电气符号如图 2-22（b）所示。

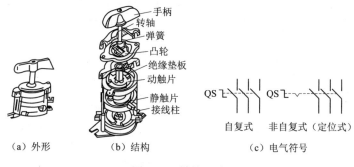

（a）外形　　（b）结构　　（c）电气符号

图 2-21　转换开关

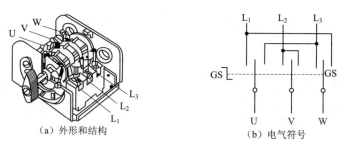

（a）外形和结构　　　　　　　（b）电气符号

图 2-22　倒顺开关

2）使用方法

（1）选用转换开关时，应根据用电设备的耐压等级、容量和极数等综合考虑。

（2）安装转换开关时应使手柄保持平行于安装面。

（3）转换开关需安装在控制箱（或壳体）内时，其操作手柄最好伸出在控制箱的前面或侧面，应使手柄在水平旋转位置时为断开状态。

（4）若需在控制箱内操作时，转换开关最好装在箱内右上方，而且在其上方不宜安装其他电器，否则应采取隔离或绝缘措施。

3）注意事项

（1）由于转换开关的通断能力较低，所以不能用来分断故障电流。当用于控制电动机正、反转时，必须在电动机完全停转后，才能操作。

（2）当负载功率因数较低时，转换开关要降低额定电流使用，否则会影响开关寿命。

3. 低压断路器

低压断路器又称自动空气开关，是低压配电网络和电力拖动系统中非常重要的一种电器，它相当于刀开关、熔断器、热继电器和欠电压继电器的组合，它的特点是，在正常工作时，可以人工操作，接通或切断电源与负载的联系；当出现故障时，如短路、过载、欠电压等，又能自动切断故障电路，起到保护作用，得到了广泛的应用。但断路器的操作传动机构比较复杂，因此不能频繁开关动作。低压断路器按结构形式，有塑料外壳式（DZ系列）和框架式（DW系列）两类。

低压断路器其型号含义如下：

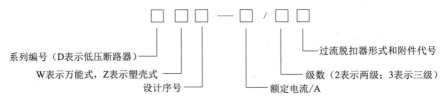

例如：DZ15-200/3，各标示意义为："DZ"表示开关类型为断路器，其中"Z"表示塑料外壳式（若为"S"则表示快速式，"M"表示灭弧式），"15"表示设计序号，"200"表示额定电流为200 A，"3"表示极数为三极。

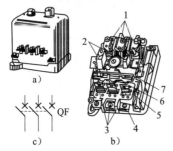

图 2-23　DZ5-20 型低压断路器的
外形和图形符号

1—主弹簧；2—主触头；3—锁扣；
4—搭钩；5—支点；6—电磁脱扣器；
7—连杆

1）结构

低压断路器的结构形式很多，图 2-23 为 DZ5-20 型低压断路器的外形和图形符号。

DZ5-20 型低压断路器的结构采用立体布置，操作机构在中间，外壳顶部突出红色分闸按钮和绿色合闸按钮。壳内底座上部为电磁脱扣器，由电流线圈和铁芯组成，作短路保护用，还有一电流调节装置，用以调节瞬时脱扣整定电流。下部为热脱扣器，由热元件和双金属片构成，作过载保护，有一电流调节盘，用以调节整定电流。主触头系统在后部，由动触头和静触头组成，用以接通和分断主电路的大电流并采用栅片灭弧。另外，还有动合和动断辅助触头各一对，可作为信号指示或控制电路用。主、辅触头接线柱伸出壳外，便于接线。

低压断路器的工作原理如图 2-24 所示。其主触头是靠手动操作或电动合闸的。当线路正常工作时，电磁脱扣器中线圈所产生的吸力不能将它的衔铁吸合，如果线路发生短路或产生较大过电流时，电磁脱扣器的吸力增加，将衔铁吸合，并撞击连杆，把搭钩顶上去，锁扣脱扣，被主弹簧拉回，切断主触头。如果线路上电压下降或失去电压时，欠电压脱扣器的吸力减小或消失，衔铁被弹簧拉开，撞击连杆，也能把搭钩顶开，切断主触头。如果线路出现过载时，过载电流流过发热元件，使双金属片受热弯曲，将连杆顶开，切断主触头。分励脱扣器则作为远距离控制分段电路之用。

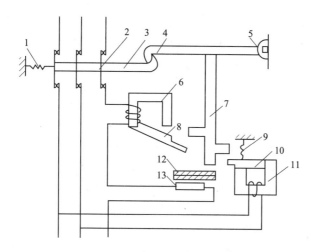

图 2-24　低压断路器的工作原理

1—主弹簧；2—主触头；3—锁扣；4—搭钩；5—支点；6—电磁脱扣器；7—连杆；8、10—衔铁；
9—弹簧；11—欠电压脱扣器；12—双金属片；13—发热元件

2）使用方法

（1）断路器的额定电压应高于线路额定电压。

（2）断路器用于控制照明电路时，电磁脱扣器的瞬时脱扣整定电流一般取负载电流的 6 倍。

（3）断路器用于电动机保护时，电磁脱扣器的瞬时脱扣整定电流应为电动机启动电流的 1.7 倍。

（4）用于分断或接通电路时，其额定电流和热脱扣器的整定电流均应等于或大于电路中负载额定电流的 2 倍。

（5）选用断路器作多台电动机短路保护时，电磁脱扣器的整定电流为容量最大的一台电动机启动电流的 1.3 倍再加上其余电动机额定电流的 2 倍。

（6）选择断路器时，在类型、等级、规格等方面要配合上、下级开关的保护特性，不允许因下级保护失灵导致上级跳闸，扩大停电范围。

3）注意事项

（1）断路器的底板应垂直于水平位置，固定后应保持平整，倾斜度不大于 5°。

（2）断路器应上端接电源，下端接负载。

（3）有接地螺丝的断路器应可靠连接地线。

（4）具有半导体脱扣装置的断路器，其接线端应符合相序要求，脱扣装置的端子应可靠连接。

2.3.3　低压熔断器

熔断器俗称"保险"，是低压电路和电动机控制电路中最简单、最常用的过载和短路保护电器，它以易熔金属导体作为熔断器，串联于被保护电器与电源之间，当电路或设备过载或短路时，大电流将熔体发热溶化，从而切断电路与电源之间的连接。熔断器的熔断电流与熔断时间见表 2-2。

表 2-2　熔断器的熔断电流与熔断时间

熔断电流	$1.25I_N$	$1.6I_N$	$2I_N$	$2.5I_N$	$3I_N$	$4I_N$
熔断时间	∞	1h	40 s	8 s	4.5 s	2.5 s

熔断器的结构简单，使用得当，其分断能力高，使用、维修方便，体积小，价格低，在电气保护电路中得到了广泛的使用。但熔断器大多只能一次性使用，功能单一，更换需要一定时间，而且时间较长，所以现在很多电器电路使用空气开关断路器代替低压熔断器。

瓷插式熔断器其型号含义如下：

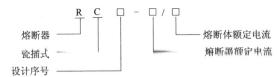

例如：RS1-25/20，各标示意义为："RS"表示电器类型为熔断器，其中"S"表示熔断器类型为快速式（其余常用类型分别为："C"表示瓷插式、"M"表示无填料密闭管式、"T"表示有填料密闭管式、"L"表示螺旋式、"LS"表示螺旋快速式），"1"表示设计序号，"25"表示熔断器额定电流为25 A，"20"表示熔断体额定电流为 20 A。

1. 结构

熔断器种类很多，常用的低压熔断器有瓷插式、螺旋式，电气符号如图 2-25 所示。

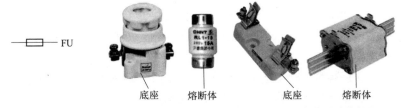

（a）熔断器图形与文字符号　　（b）RL1系列螺旋式熔断器图　　（c）RT0系列螺旋式熔断器

图 2-25　低压熔断器的结构

（1）瓷插式熔断器。瓷插式熔断器主要用于交流 400 V 以下的照明电路中作保护电器。它主要由瓷座、瓷盖、静触头、动触头和熔丝等组成，其结构如图 2-25 所示。瓷座中部有一空腔，与瓷盖的凸出部分组成灭弧室。60 A以上的瓷插式熔断器空腔中还垫有纺织石棉层，用以增强灭弧能力。它具有体积小、结构简单、价格低廉、更换熔丝方便等优点。但其分断能力较小，电弧较大。只适用于小功率负载的保护。瓷插式熔断器过去应用极为广泛，但现已逐渐被空开断路器所取代，在城市趋于淘汰的状况。

（2）螺旋式熔断器。螺旋式熔断器用于交流 400 V 以下、额定电流在 200 A 以内的电气设备及电路的过载和短路保护。它主要由瓷帽、熔断管、瓷套、上接线端、下接线端和底座等组成，其结构如图 2-25 所示。螺旋式熔断器在接线时，为了更换熔断管时的安全，下接线端应接电源，而连螺口的上接线端应接负载。

2. 使用方法

（1）装配熔断器前应检查熔断器的各项参数是否符合电路要求。

（2）熔断器的类型应根据不同的使用场合、保护对象，有针对性地选择。

（3）熔断器的额定电流不得小于熔断器工作点的额定电流。

（4）对保护照明电路和其他非电感设备的熔断器，其熔丝或熔断管额定电流应大于电路工作电流。保护电动机电路的熔断器，应考虑电动机的启动条件，按电动机的启动时间长短及频繁启动程度来选择熔体的额定电流。

（5）多级保护时应注意各级间的协调配合，下一级熔断器熔断电流应比上一级熔断电流小，以免出现越级熔断，扩大动作范围。

3. 注意事项

（1）安装熔断器时必须在断电情况下操作。

（2）安装时熔断器必须完整无损（不可拉长），接触紧密可靠，但也不能绷紧。

（3）熔断器应安装在线路的各相线（火线）上，在三相四线制的中性线上严禁安装熔断器。单相二线制的中性线上应安装熔断器。

■ 2.3.4　按钮

按钮又叫控制按钮和按钮开关，通常用于接通或断开控制电路，以发出或作程序控制的手动控制电器。它不能直接控制主电路的通断，而通过短时接通或分断 5 A 以下的小电流控制电路，向其他电器发出指令性的电信号，控制其他电器的工作。

1. 结构

根据按钮触头结构、触头组数和用途的不同，可分为启动按钮（常开按钮）、停止按钮（常闭按钮）和复合按钮（既有常开触头，又有常闭触头），一般使用的按钮多为复合按钮。图 2-26（a）为按钮开关的结构原理，主要由按钮帽、复位弹簧、常闭触头、常开触头、接线柱及外壳等组成，图 2-26（b）为电气符号及文字符号。

(a) 按钮开关的结构原理
1—按钮帽；2—复位弹簧；
3—常闭静触点；4—常开静触点；
5—动触点

(b) 按钮的图形符号及文字符号
1—常开按钮；2—常闭按钮；3—复合按钮

按钮开关的结构控制讲解

图 2-26　按钮

按钮其型号含义如下：

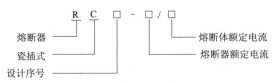

例如：LA19-22K，各标示意义为："LA"表示电器类型为按钮开关，"19"表示设计序号，前"2"表示常开触头数为 2 对，后"2"表示常闭触头数为 2 对，"K"表示按钮开关的结构类型为开启式（其余常用类型分别为："H"表示保护式、"X"表示旋钮式、"D"表示带指示灯式、"J"表示紧急式，若无标示则表示为平钮式）。

2. 使用方法

（1）复合按钮在按下按钮帽时，首先断开常闭触头，再通过一小段时间后接通常开触头；松开按钮帽时，复位弹簧先使常开触头分断，通过一小段时间后常闭触头才闭合。

（2）按钮的选择应根据使用电器设备、控制电路所需触头数目及按钮帽的颜色等方面综合考虑。

（3）按钮安装在面板上时，应布置合理，排列整齐。可根据生产机械或机床启动、工作的先后顺序，从上到下或从左至右依次排序。如果它们有几种工作状态，如上、下，前、后，左、右，松、紧等，应使每一组正反状态的按钮安装在一起。

（4）在面板上固定按钮时安装应牢固，停止按钮用红色，启动按钮用绿色或黑色，按钮较多时，应在显眼且便于操作处用红色蘑菇头设置总停按钮，以应付紧急情况。

3. 注意事项

（1）由于按钮的触头间距较小，如有油污极易发生短路故障，故使用时应经常保持触头间的清洁。

（2）用于高温场合时，容易使塑料变形老化，导致按钮松动，引起接线螺钉间相碰短路，在安装时可视情况再多加一个紧固垫圈，使两个拼紧。

（3）带指示灯的按钮由于灯泡要发热，时间长时易使塑料灯罩变形，造成调换灯泡困难，故不宜用在长时间通电处。

■ 2.3.5　接触器

接触器是一种用来远距离频繁接通或断开交、直流主电路及大容量控制电路的自动切换电器。主要用于控制电动机、电热设备、电焊机等，是电力拖动系统中使用最广泛的电器元件。接触器是利用电磁吸力和弹簧反作用力配合动作，从而使触电闭合或断开的。具有失电压保护、控制容量大、可远距离控制等特点。

1. 型号与规格

交流接触器和直流接触器的型号代码分别为 CJ 和 CZ。

直流接触器型号的含义如下：

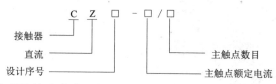

交流接触器型号的含义如下：

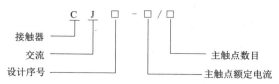

我国生产的交流接触器常用的有 CJ1、CJ10、CJ12、CJ20 等系列产品。CJ12 和 CJ20 新系列接触器，所有受冲击的部件均采用了缓冲装置；合理减小了触点开距和行程。运动系统布置合理，结构紧凑；采用结构连接，因不用螺钉，所以维修更方便。

直流接触器常用的有 CZ1 和 CZ3 等系列和新产品 CZ20 系列。新系列接触器具有寿命长、体积小、工艺性能更好、零部件通用性更强等优点。

接触器的基本技术参数如下：

（1）额定电压。接触器额定电压是指主触头上的额定电压。其电压等级为：

交流接触器：220 V，380 V，500 V。

直流接触器：220 V，440 V，660 V。

（2）额定电流。接触器额定电流是指主触头的额定电流。其电流等级为：

交流接触器：10 A，15 A，25 A，40 A，60 A，150 A，250 A，400 A，600 A。最高可达 2 500 A。

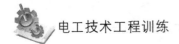
直流接触器：25 A，40 A，60 A，150 A，250 A，400 A，600 A。

（3）线圈的额定电压。其电压等级为：

交流线圈：36 V，127 V，220 V，380 V。

直流线圈：24 V，48 V，220 V，440 V。

（4）额定操作频率（每小时通断次数）：交流接触器可高达 6 000 次/h，直流接触器可达到 1 200 次/h。电气寿命达 500～1 000 万次。

2. 结构和工作原理

接触器一般由电磁系统、触点（头）系统、灭弧装置、弹簧及支架与底座等组成。图 2-27（a）为结构和外形，（b）为触头类型，（c）为电气符号。

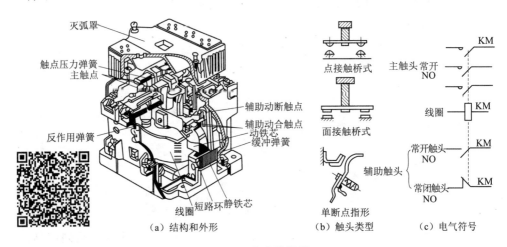

图 2-27　交流接触器

1）电磁系统

电磁系统是接触器的重要组成部分，它由吸引线圈和磁路两部分组成，磁路包括静铁芯、动铁芯、铁轭和空气隙，利用空气隙将电磁能转化为机械能，带动动触点与静触点接通或断开。

交流接触器的线圈是由漆包线绕制而成的，以减少铁芯中的涡流损耗，避免铁芯过热。在铁芯上装有一个短路的铜环作为减震器，使铁芯中产生了不同相位的磁通量 Φ_1、Φ_2，以减少交流接触器吸合时的震动和噪声，如图 2-28 所示，其材料一般为铜、康铜或镍铬合金。

电磁系统的吸力与空气隙的关系曲线称为吸力特性，它随励磁电流的种类（交流和直流）和线圈的连接方式（串联或并联）而有所差异。反作用力的大小与反作用弹簧的弹力和动铁芯重量有关。

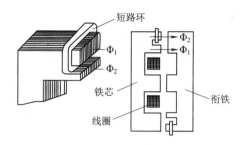

图 2-28 交流接触器铁芯上的短路

2）触点系统

触点系统用来直接接通和分断所控制的电路，根据用途不同，接触器的触头分主触头和辅助触头两种。辅助触头通过的电流较小，通常接在控制回路中。主触头通过的电流较大，接在电动机主电路中。

触点是用来接通和断开电路的执行元件。按其接触形式可分为点接触、面接触和线接触三种。

（1）点接触。它由两个半球形触点或一个半球形与另一个平面形触点构成，如图 2-27（b）所示。常用于控制小电流的电器中，如接触器的辅助触点或继电器触点。

（2）面接触。可允许通过较大的电流，应用较广，如图 2-27（b）所示。在这种触点的表面上镶有合金，以减小接触电阻和提高耐磨性，多用于较大容量接触器上的主触点。

（3）线接触。它的接触区域是一条直线，如图 2-27（b）所示。触点在通断过程中是滚动接触的。其优点是可以自动清除触点表面的氧化膜，保证了触点的良好接触。这种滚动接触多用于中等容量的触点，如接触器的主触点。

3. 电弧的产生与灭弧装置

当接触器触点断开电路时，若电路中的动、静触点之间电压超过 10 V，电流超过 80 mA 时，动、静触点之间将出现强烈火花，这实际上是一种空气放电现象，通常称为"电弧"。所谓空气放电，就是空气中有大量的带电质点作定向运动。当触点分离瞬间，间隙很小，电路电压几乎全部降落在动、静两触点之间，在触点间形成了很高的电场强度，负极中的自由电子会逸出到空气隙中，并向正极加速运动。由于撞击电离、热电子发射和热游离的结果，在动、静两触点间呈现大量向正极飞驰的电子流，形成电弧。随着两触点间距离的增大，电弧也相应地拉长，不能迅速切断。由于电弧的温度高达 3 000 ℃或更高，导致触点被严重烧灼。缩短了电器的寿命，给电气设备的运行安全和人身安全等都造成了极大的威胁。因此，必须采取有效方法，尽可能消灭电弧。常采用的灭弧方法和灭弧装置如下：

（1）电动力灭弧。电弧在触点回路电流磁场的作用下，受到电动力作用拉长，并迅速离开触点而熄灭，如图 2-29（a）所示。

（2）纵缝灭弧。电弧在电动力的作用下，进入由陶土或石棉水泥制成的灭弧室窄缝中，电弧与室壁紧密接触，被迅速冷却而熄灭，如图 2-29（b）所示。

（3）栅片灭弧。电弧在电动力的作用下，进入由许多定间隔的金属片所组成的灭弧栅之中，电弧被栅片分割成若干段短弧，使每段短弧上的电压达不到燃弧电压，同时栅片具有强烈的冷却作用，致使电弧迅速降温而熄灭，如图 2-29（c）所示。

（4）磁吹灭弧。灭弧装置设有与触点串联的磁吹线圈，电弧在吹弧磁场的作用下受力拉长，吹离触点，加速冷却而熄灭，如图 2-29（d）所示。

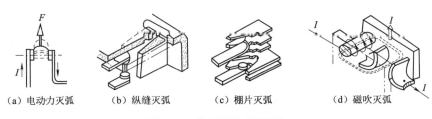

（a）电动力灭弧　　　（b）纵缝灭弧　　　（c）栅片灭弧　　　（d）磁吹灭弧

图 2-29　接触器的灭弧措施

4. 选择与使用

在选用接触器时，应注意它的电源种类、额定电流、线圈电压及触头数量等。

（1）接触器的类型应根据负载电流的类型和负载的轻重来选择，即根据是交流负载还是直流负载，是轻负载还是重负载来选择。

（2）接触器主触头额定电流的选择：

$$主触头额定电流\ I_N \geq (1 \sim 1.4)\frac{电动机额定功率\ P_N\ (W)}{电动机额定电压\ U_N\ (V)}$$

（3）如果接触器控制的电动机启动、制动或正反转较频繁，一般将接触器主触头的额定电流降一级使用。

接触器的操作频率是指接触器每小时通断的次数。当通断电流较大及通断频率过高时，会引起触头过热，甚至熔焊。操作频率若超过规定值，应选用额定电流大一级的接触器。

（4）接触器线圈的额定电压不一定等于主触头的额定电压，当线路简单、使用电器较少时，可直接选用 380 V 或 220 V 电压的线圈，如线路较复杂，使用电器超过 5h 以上时，可选用 24 V、48 V 或 110 V 电压的线圈。

（5）接触器安装前应检查线圈的额定电压等技术数据是否与实际使用相符，然后将铁芯极面上的防锈油脂或锈垢用汽油擦净，以免多次使用后被油垢粘住，造成接触器断电时不能释放触点。

5. 注意事项

（1）接触器一般应垂直安装，其倾斜度不得超过 5°，否则会影响接触器的动作特性。安装有散热孔的接触器时，应将散热孔放在上下位置，以利于线圈散热。

（2）接触器安装与接线时，注意不要把杂物失落到接触器内，以免引起卡阻而烧毁线圈，同时应将螺钉拧紧，以防震动松脱。

（3）接触器的触头应定期清扫并保持整洁，但不得涂油，当触头表面因电弧作用形成金属小珠时，应及时铲除，但银及银合金触头表面产生的氧化膜，由于接触电阻很小，可不必修复。

■ 2.3.6　继电器

继电器是根据电流、电压、温度、时间、速度等信号的变化来自动接通和分断小电流电路的控制元件，它与接触器不同，继电器一般不直接控制主电路，而是通过接触器或其他电器对主电路进行控制，因此继电器触点的额定电流较小（5～10 A），不需要灭弧装置，具有结构简单、体积小、重量轻等优点，但对其动作的准确性则要求较高。继电器的种类很多，按功能可分为中间继电器、热继电器、电压继电器、电流继电器、功率继电器、时间继电器、速度继电器、极化继电器、冲击继电器等。

1. 中间继电器

中间继电器主要用于扩大信号的传递，提高控制容量。在自动控制系统中常与接触器配合使用。它输入的是线圈得电、失电信号，输出的是触头开、闭。中间继电器的触头数量较多，因而可用其增加控制电路中信号的数量。

常用的中间继电器有 JZ7、JZ8 系列，其型号含义如下：

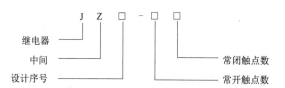

例如：JZ753，各标示意义为："JZ"表示电器类型为中间继电器，"7"表示设计序号，"5"表示常开触点数，"3"表示常闭触点数。

JZ7 中间继电器由线圈、静铁芯、动铁芯及触点系统等组成。它的触点较多，一般有八对，可组成四对动合、四对动断或六对动合、两对动断或八对动合三种形式。其工作原理和结构与交流接触器相似，JZ7 系列中间继电器的结构和外形如图 2-30（a）所示，电气符号如图 2-30（b）所示。

中间继电器一般根据负载电流的类型、电压等级和触头数量来选择。其使用方法与注意事项和接触器类似，但中间继电器由于触头容量较小，一般不能接到主线路中应用。

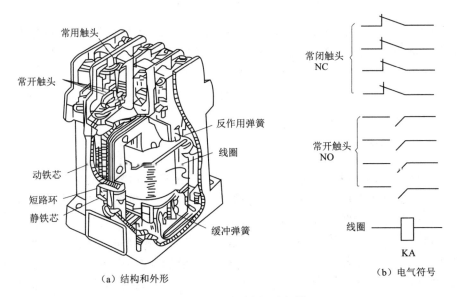

（a）结构和外形　　　　　　　　　　（b）电气符号

图 2-30　JZ7 系列中间继电器

2. 热继电器

热继电器是用来保护电动机等负载使之免受长期过载危害的控制电器。电动机在欠电压、断相或长时间过载情况下工作，都会使其工作电流超过额定值，从而引起电动机过热。严重的过热会损坏电动机的绝缘而烧坏电动机。因此需要对电动机进行过载保护。

热继电器其型号含义如下：

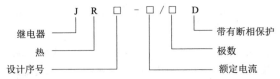

例如：JR1620/3D，各标示意义为："JR"表示电气类型为热继电器，"16"表示设计序号，"20"表示额定电流，"3"表示三相，"D"表示具有断相保护。

1）结构

热继电器主要由热元件、触点系统、动作机构、复位按钮和整定电流装置等部分组成，如图 2-31（a）所示；图 2-31（b）、（c）为其动作原理和电气符号。

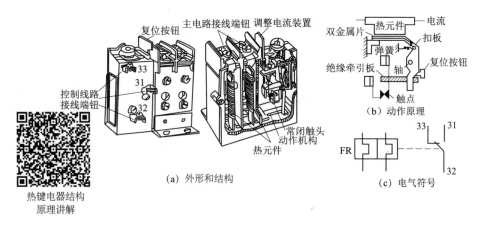

图 2-31　热继电器

（1）热元件。热元件是使热继电器接受过载信号的部分，它由双金属片及绕在双金属片外面的绝缘电阻丝组成。双金属片由两种热膨胀系数不同的金属片复合而成，如铁镍铬合金和铁镍合金。电阻丝用康铜和镍铬合金等材料制成，使用时串联在被保护的电路中。

热元件一般有两个，属于两相结构热继电器，如图 2-31（a）所示。此外，还有三相结构热继电器。

（2）触点系统。触点系统一般配有一组切换触点，可形成一个动合触点 32、31，一个动断触点 32、33，如图 14-15（c）所示。

（3）动作机构。动作机构由导板、补偿双金属片、推杆、杠杆及拉簧等组成，用来补偿环境温度的影响。

（4）复位按钮。复位按钮热继电器动作后的复位有手动复位和自动复位两种，手动复位的功能由复位按钮来完成。自动复位功能由双金属片冷却自动完成，但需要一定的时间。

（5）整定电流装置。整定电流装置由旋钮和偏心轮组成，用来调节整定电流的数值。热继电器的整定电流是指热继电器长期不动作的最大电流值，超过此值就要动作。

2）工作原理

热继电器的常闭触头串联在被保护的控制电路中，它的热元件由电阻值不高的电热丝或电阻片绕成，靠近热元件的双金属片是用两种热膨胀系数差异较大的金属薄片叠压在一起，热元件串联在电动机或其他用电设备的主电路中。额定电流的双金属片不会使动断触头动作。当电路过载时，热元件使双金属片向上弯曲变形，扣板在弹簧拉力作用下带动绝缘牵引板，分断接入控制电路中的动断触头，切断主电路，从而起过载保护作用。热继电器动作后，一般不能立即自动复位，只有当电流恢复正常、双金属片复原后，再按复位按钮方可重新工作。

3）带断相保护的热继电器

用普通热继电器保护电动机时，若电动机是星形接线，当线路发生有一相断电时，另外两相将发生过载，过载相电流将超过普通热继电器的动作电流，因线电流等于相电流，这种热继电器可以对此进行保护。但若电动机定子为三角形接线，发生断相时线电流可能达不到普通热继电器的动作值而使电动机绕组已过热，此时用普通的热继电器已经不能起到保护作用，必须采用带断相保护的热继电器。它利用各相电流不均衡的差动原理实现断相保护。

4）使用方法

（1）选择热继电器作为电动机的过载保护时，应使所选热继电器的 A/s 特性位于电动机的过载特性之下，并尽可能地接近，甚至重合，以充分发挥电动机的能力，同时使电动机在短时过载或启动时（（4～7）I_N，I_N 为电动机额定电流）不受影响。

（2）一般过载启动长期工作的电动机或间断长期工作的电动机，选择二相结构的热继电器。当电源电压的均衡性和工作环境较差或较少有人照管的电动机，或多台电动机的功率差别较显著时，可选择三相结构的热继电器。而三角形接线的电动机，应选用带断相保护装置的热继电器。

（3）根据热继电器的额定电流应大于电动机额定电流，热继电器的热元件额定电流应略大于电动机的额定电流的原则来选择热继电器。

（4）根据热继电器的型号和热元件额定电流，在生产厂家使用手册或电工手册，得出热元件整定电流的调节范围。一般将热继电器的整定电流调整到等于电动机的额定电流。对过载能力较差的电动机，可将热元件整定值调整到电动机的额定电流的0.6～0.8倍。对启动时间较长，拖动冲击性负载或不允许停车的电动机，热元件的整定电流应调节到电动机额定电流的1.1～1.15倍。

5）注意事项

（1）热继电器安装接线时，应清除触头表面污垢，以避免电路不通或因接触电阻加大而影响热继电器的动作特性。

（2）如电动机启动时间过长或操作次数过于频繁，将会使热继电器误动作或烧坏热继电器，故这种情况一般不用热继电器作过载保护，如仍用热继电器，则应在热元件两端并接一副接触器或继电器的常闭触头，待电动机启动完毕，使常闭触头断开，热继电器再投入工作。

（3）热继电器周围介质的温度，原则上应和电动机周围介质的温度相同，否则，势必要破坏已调整好的配合情况。当热继电器与其他电器安装在一起时，应将它安装在其他电器的下方，以免其动作特性受到其他电器发热的影响。

（4）热继电器出线端的连接不宜过细，如连接导线过细，轴向导热性差，热继电器可能提前动作。反之，连接导线太粗，轴向导热快，热继电器可能滞后动作。

3. 时间继电器

时间继电器是利用电磁厚理或机构动作原理，实现触头延时断开的自动控制电器。根据延时动作的不同原理，时间继电器可分为空气阻尼式、电动式及电子式等类型。

时间继电器的型号含义如下：

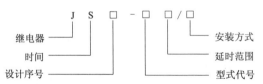

例如：JS23-12/1，各标示意义为："JS"表示继电器类型为时间继电器，"23"表示设计序号，前一个"1"表示触点形式及组合序号为1，"2"表示延时范围为10～180 s，后一个"1"表示安装方式为螺钉安装式。

1）空气阻尼式时间继电器

空气阻尼式时间继电器又叫气囊式时间继电器，它主要由电磁系统、工作触头、气囊气室和传动平构等部分组成，其外形结构如图2-32（a）所示。

电磁系统由电磁线圈、静铁芯、动铁芯、反作用弹簧和弹簧片组成，工作触头由两对瞬时触头（一对瞬时闭合，一对瞬时分断）和两对延时触头组成；气囊主要由橡皮膜、活塞和壳体组成，橡皮膜和活塞可随气室空气量移动，气室上的调节螺钉用来调节气室进气速度的大小以调节延时时间；传动机构由杠杆、推杆、推板和塔形弹簧等组成。

空气阻尼式时间继电器的工作原理有断电延时原理和通电延时原理两种。

（1）断电延时原理。断电延时时间继电器的电气符号如图 2-32（b）所示。当电路通电后，电磁线圈的静铁芯产生磁场力，使衔铁克服反作用弹簧的弹力被吸合，与衔铁相连的推板向右运动，推动推杆，压缩宝塔弹簧，使气室内橡皮膜和活塞缓慢向右移动，通过弹簧片使瞬时触头动作，同时也通过杠杆使延时触头做好动作准备。线圈断电后，衔铁在反作用弹簧的作用下被释放，瞬时触头复位，杠杆在宝塔弹簧的作用下，带动橡皮膜和活塞缓慢向左移动，经过一段时间后，推杆和活塞移动到最左端，使延时触头动作，完成延时过程。

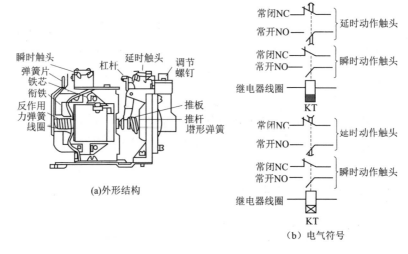

图 2-32　空气阻尼式时间继电器

（2）通电延时原理。只需将断开延时时间继电器的电磁线圈部分 180°旋转安装，即可改装成通电延时时间继电器。其工作原理与断电延时原理基本相似，如图 2-32（b）所示。空气延时时间继电器的结构简单、价格低廉，广泛使用于电动机 Y/△控制等电路中，但它延时精度较低，只能用于对延时要求不太高的场合。

2）电动机式时间继电器

电动机式时间继电器是利用小型同步电动机带动减速齿轮而获得延时的，它是由同步电动机、离合电磁铁、减速齿轮、差动游丝、触头系统和推动延时触头脱扣的凸轮等组成的，其外形和结构如图 2-33（a）所示。当接通电源后，齿轮空转。需要延时时，再接通离合电磁铁，齿轮带动凸轮转动，经过一定时间，凸轮推动脱扣机构使延时触头动作，同时其常闭触头同步电动机和离合电磁铁的电源等所有机构在复位游丝的作用下返回原来位置，为下次动作做好准各。其工作原理如图 2-33（b）所示。

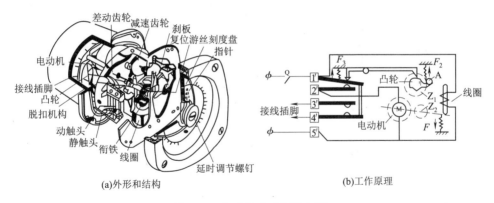

(a)外形和结构　　　　　　　　　　　(b)工作原理

图 2-33　电动机式时间继电器

延时的长短，可以通过改变指针在刻度盘上的位置进行调整。这种延时继电器定时精度高，调节方便，延时范围很大，且误差较小，可以从几秒到几小时。延时时间不受电源电压与温度的影响，但因同步电动机的转速与电源频率成正比。所以当电源频率降低时，延时时间加长，反之则缩短。这种延时继电器的缺点是结构复杂，价格较贵，齿轮容易磨损，不适于频繁操作的电路控制。

3) 电子式时间继电器

电子式时间继电器主要利用电子电路来实现传统时间继电器的时间控制作用，可用于电力传动、生产过程自动控制等系统中。它具有延时范围广、精度高、体积小、消耗功率小、耐冲击、返回时间短、调节方便、使用寿命长等优点，所以多应用在传统的时间继电器不能满足要求的场合，要求延时的精度较高时或控制回路相互协调需要无触点输出时多用电子式时间继电器。

电子式时间继电器的种类很多，通常按电路组成原理可分为阻容式和数字式两种。

(1) 阻容式晶体管时间继电器。阻容式晶体管时间继电器的基本原理是利用 RC 积分电路中电容的端电压在接通电源之后逐渐上升的特性获得的。电源接通后，经变压器降压后整流、滤波、稳压，提供延时电路所需的直流电压。从接通电源开始，稳压电源经定时器的电阻向电容充电，经时间 t 后充电至某电位，使触发器翻转，控制继电器动作，为继电器触头提供所需的延时，同时断开电源，为下一次动作做准备。调节电位器电阻即可改变延时时间的大小，图 2-34 所示为其原理框图。常用的阻容式晶体管时间继电器为 JS20 系列，其延时时间可在 1~900 s 之间可调。

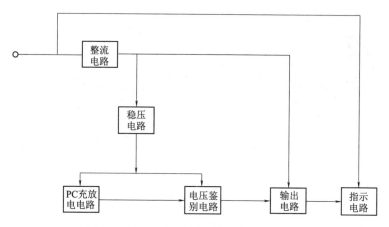

图 2-34　阻容式晶体管时间继电器电路原理框图

（2）数字式时间继电器。数字式时间继电器主要是利用对标准频率的脉冲进行分频和计数作为电路的延时环节，使延时性能大大增强，而且其内部可采用先进的微电子电路及单片机等新技术，使得它具有更多优点，其延时时间长、精度高、延时类型多，各种工作状态可直观显示等，图 2-35 所示为其原理框图。

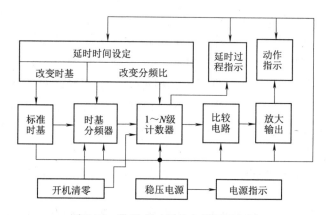

图 2-35　数字式时间继电器原理框图

常用的数字式时间继电器时间可调。数字式时间继电器 ST3P、ST6P 等系列，其延时时间在 0.1 s～24 h 之间可调。

2.4　常用电气符号及识图

电工识图是电气工作者从事电气设备设计、制作、安装、调试、维修及检验的基础，也是电气工作者所必须掌握的基本技能。电工识图包括两方面含义：一方面是指能够读懂电气图纸中所用电气符号，如文字符号、图形符号、回路符号及设备标志等符号的电气含义；另一方面是指通过分析电气图纸可掌握所描述电路的工作原理及其用途。

2.4.1 电气常用文字符号和图形符号

电气常用图形符号及文字符号新旧标准对照表见表 2-3。

表 2-3 电气常用图形符号及文字符号新旧标准对照表

名　称	图形符号	文字符号	名　称	图形符号	文字符号
照明灯	⊗	EL	电磁铁		YA、YD
信号灯	⊗	HL	接插器		XS、XP
中间继电器线圈		KA	熔断器		FU
欠压继电器线圈	U<	FV	单变压器		T
过电流继电器线圈	I<	FA	电力变压器	同上	TM
中间继电器常开触头		KA	照明变压器	同上	TC、TL
中间继电器常闭触头		KA	整流变压器	同上	TC、TR
时间继电器线圈		KT	单极开关		QS
时间继电器常开触头		KT	三极开关		QS
时间继电器瞬时断开常闭触头		KT			
时间继电器延时闭合常开触头		KT	三相自耦变压器		TM、TA
时间继电器延时断开常闭触头		KT			
时间继电器延时断开常开触头		KT	三相鼠笼式异步电动机	M 3~	M
时间继电器延时闭合常闭触头		KT	三相绕线式异步电动机	M 3~	M
热继电器热元件		FR			
热继电器常闭触头		FR	限位开关常开触头		SQ、SP

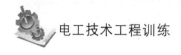

续表

名　称	图形符号	文字符号	名　称	图形符号	文字符号
限位开关常闭触头		SQ、SP	接触器线圈		KM
限位开关复合触头		SQ、SP	接触器常开触头		KM
启动按钮		SB SST	接触器常闭触头		KM
停止按钮		SB SSTP	接触器带灭弧常开触头		KM
复合按钮		SB	接触器带火弧常闭触头		KM

2.4.2　电气图的种类和组成

电气图一般由电路、技术说明和标题栏三部分组成。

1. 电路

电路是电流的通路，是为了某种需要由某些电气设备或电气元件按一定方式组合起来的。把这种电路画在图纸上，就是电路图。

电路的结构形式和所能完成的任务是多种多样的，就构成电路的目的来说一般有两个，一是进行电能的传输、分配与转换，二是进行信息的传递和处理。如图 2-36（a）所示，电力系统的作用是实现电能的传输、分配和转换，其中包括电源、负载和中间环节。发电机是电源，是供应电能的设备。在发电厂内把其能量转换为电能。

电灯、电动机、电磁炉等都是负载，是使用电能的设备，它们分别把电能转换为光能、机械能、热能等。

变压器和电线是中间环节，起传输和分配电能的作用。图 2-36（b）所示为扩音机电路示意图，是进行信号传递和处理的一个实例。在这个电路中，先由麦克风（话筒）把语言或音乐（通常称为信息）转换为相应的电信号，而后通过电路传递到喇叭（扬声器），把电信号还原为语言或音乐。由于麦克风输出的电信号比较微弱，不足以推动喇叭发音，因此中间还要用放大器将电信号放大，这个过程称为信号的处理。

在图 2-36（b）中，麦克风是输出电信号的设备，称为信号源，相当于电源，但与上述的发电机、电池这种电源不同，信号源输出的电信号（电压和电流）的变化规律取决于所加的信息。喇叭是接收和转换电信号的设备，也就是负载。

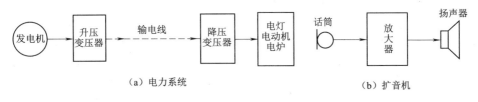

图 2-36　电路示意图

电路是电气图的主要构成部分。由于电气元件的外形和结构有很多种，因此必须使用国标的图形符号和文字符号来表示电气元件的不同种类、规格以及安装方式。此外，根据电气图的不同用途，要绘制成不同形式的图。有的绘制原理图，以便了解电路的工作过程及特点。对于比较复杂的电路，还要绘制安装接线图。必要时，还要绘制分开表示的接线图（俗称展开接线图）、平面布置图等，以供生产部门和用户使用。

2. 技术说明

电气图中的文字说明和元件明细表等称为技术说明。文字说明目的是注明电路的某些要点及安装要求，一般写在电路图的右上方，元件明细表主要用来列出电路中元件的名称、符号、规格和数量等。元件明细表一般以表格形式写在标题栏的上方，其中的序号自下而上编排。

3. 标题栏

标题栏画在电路图的右下角，主要注有工程名称、图名、设计人、制图人、审核人、批准人的签名。标题栏是电气图的重要技术档案，栏目中签名人对图中的技术内容是负有责任的。

2.4.3　电气图的基本表示方式

1. 电气元件的一般表示方法

1）电气元件的表示方法

同一个电气设备及元件在不同的电气图中往往采用不同的图形符号来表示。比如，对概略图、位置图，往往用方框符号或简单的一般符号来表示；对电路图和部分接线图，常采用一般图形符号来表示，对于驱动和被驱动部分之间具有机械连接关系的电气元件，如继电器、接触器的线圈和触头，以及同一个设备的多个电气元件，可采用集中布置、半集中布置、分开布置法来表示。

集中布置法是把电气元件、设备或成套装置中一个项目各组成部分的图

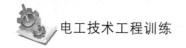

形符号在电气图上集中绘制在一起的方法，各组成部分用机械连接线（虚线）连接，连接线必须是一条直线。一般为了使电路布局清晰，便于识别，通常将一个项目的某些部分的图形符号分开布置，并用机械连接符号表示它们之间的关系，这种方法称为半集中布置法。

有时为了使设备和装置的电路布局更清晰，便于识别，把一个项目图形符号的各部分分开布置，并采用项目代号表示它们之间的关系，这种方法称为分开布置法。图 2-37 为这三种布置方法的示例，其中接触器 KM 的线圈和触头分别集中布置，如图 2-37（a）所示，半集中布置如图 2-37（b）所示，分开布置如图 2-37（c）所示。采用分开布置法的图与采用集中或半集中布置法的图给出的内容要相符，这是最基本的原则。

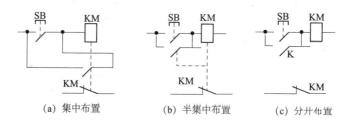

(a) 集中布置   (b) 半集中布置   (c) 分开布置

图 2-37 设备和元件的布置

因为采用分开布置法的电气图省去了项目各组成部分的机械连接线，所以造成查找某个元件的相关部分比较困难。这样为识别元件各组成部分或寻找它们在图中的位置，除了要重复标注项目代号外，还需要采用引入插图或表格等方法来表示电气元件各部分的位置。

2）电气元件工作状态的表示方法

在图中我们均需按自然状态表示。所谓"自然状态"，是指电气元件或设备的可动部分处于未得电、未受外力或不工作的状态或位置。例如：

（1）接触器和电磁铁的线圈未得电时，铁芯未被吸合，因而其触头处于尚未动作的位置。

（2）断路器和隔离开关处在断开位置。

（3）零位操作的手动控制开关在零位状态，不带零位的手动控制开关在图中规定的位置。

（4）机械操作开关、按钮处在非工作状态或不受力状态时的位置。

（5）保护用电器处在设备正常工作状态时的位置，如热继电器处在双金属片未受热而未脱扣时的位置。

3）电气元件触头位置的表示方法

（1）对于继电器、接触器、开关、按钮等元件的触头，其触头符号通常规定为"左开右闭、下开上闭"，即当触头符号垂直布置时，动触头在静触头左侧为动合（常开）触头，而在右侧为动断（常闭）触头；当触头符号水平布置时，动触头在静触头下侧为动合（常开）触头，而在上侧为动断（常闭）触头。

（2）万能转换开关、控制器等人工操作的触头符号一般用图形、操作符号以及触头闭合表来表示。例如，5 个位置的控制器或操作开关可用图 2-38 所示的图形表示。以 "0" 代表操作手柄在中间位置，两侧的罗马数字表示操作位置数，在该数字上方可标注文字符号来表示向前、向后、自动、手动等操作，短画表示手柄操作触头开闭位置线，有黑点 "·" 者表示手柄转向此位置时触头接通，无黑点者表示触头不接通。复杂开关需另用触头闭合表来表示。多于一个以上的触头分别接于各电路中，可以

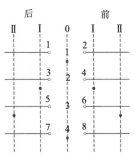

图 2-38　多位置控制器或操作开关的表示方法

在触头符号上加注触头的线路号或触头号。一个开关的各触头允许不画在一起。可用表 2-4 所示的触头闭合表来表示。

表 2-4　触头闭合表

触头	向后位置		中间位置	向前位置	
	2	1	0	1	2
1—2	—	—	+	—	—
3—4	—	+	—	+	—
4—6	+	—	—	—	+
2—8	—	—	+	—	—

4）电气元件技术数据及标志的表示方法

（1）电气元件技术数据的表示方法：电气元件的技术数据一般标在其图形符号附近。当连接线为水平布置时，尽可能标注图形符号的下方，如图 2-39（a）所示；垂直布置时，标注在项目代号右方，如图 2-39（b）所示。技术数据也可以标注在电机、仪表、集成电路等的方框符号或简化外形符号内，如图 2-39（c）所示。

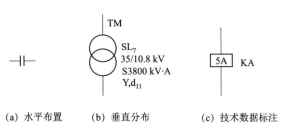

(a) 水平布置　　(b) 垂直分布　　(c) 技术数据标注

图 2-39　电气元件技术数据的表示方法

（2）标志的表示方法：当电气元件的某些内容不便于用图示形式表达清楚时，可用标志的方法并放在需要说明的对象旁边。

2. 连接线的一般表示方法

电气图上各种图形符号之间的相互连线，称为连接线。

1）导线的一般表示方法

（1）导线的一般表示方法，如图 2-40（a）所示，可用于表示单根导线、导线组，也可以根据情况通过图线粗细、图形符号及文字、数字来区分各种不同的导线，如图 2-40（b）所示的母线及图 2-40（c）所示的电缆等。

（2）导线根数的表示方法，如图 2-40（d）所示，根数较少时，用斜线（45°）数量代表导线根数；根数较多时，用一根小短斜线旁加注数字表示。

（3）导线特征的标注方法，如图 2-40（e）所示，导线特征通常采用字母、数字符号标注。

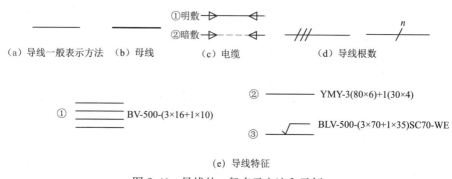

（a）导线一般表示方法　（b）母线　　　　（c）电缆　　　　（d）导线根数

（e）导线特征

图 2-40　导线的一般表示方法和示例

2）图线和粗细

主电路图、主接线图等采用粗实线；辅助电路图、二次接线路图等则采用细实线，而母线通常要比粗实线宽 2～3 倍。

3）导线连接点的表示

T 形连接点可加实心圆点 "·"，也可不加实心圆点，如图 2-41（a）所示。对十形连接点，则必须加实心圆点，如图 2-41（b）所示。

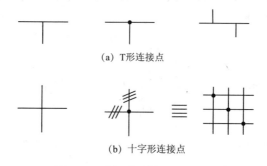

（a）T形连接点

（b）十字形连接点

图 2-41　导线连接点的表示方法

4）连接线的连续表示法和中断表示法

（1）连接线的连续表示法：将表示导线的连接线用同一根图线首尾连通的方法。连续线一般用多线表示。当图线太多时，为便于识图，对于多条去向相同的连接线用单线法表示。当多条线的连接顺序不必明确表示时，可采用图 2-42（a）所示的单线表示法，但单线的两端仍用多线表示；导线组的两端位置不同时，应标注相对应的文字符号，如图 2-42（b）所示。

当导线汇入用单线表示的一组平行连接线时，汇接处用斜线表示，其方向应易于识别连接线进入或离开汇总线的方向，如图 2-42（c）所示；当需要表示导线的根数时，可按图 2-42（d）来表示。

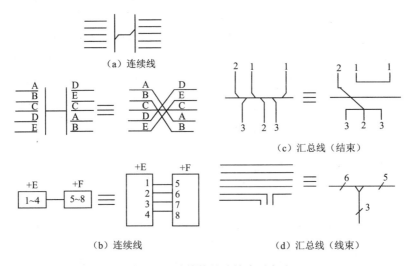

图 2-42　连接线的连续表示方法

（2）连接线的中断表示法：去向相同的导线组，在中断处的两端标以相应的文字符号或数字编号，如图 2-43（a）所示。

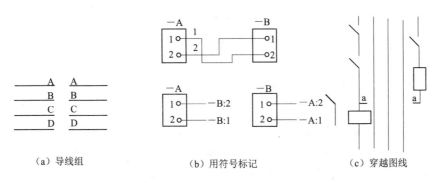

图 2-43　连接线的中断表示方法

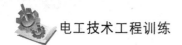
　　两设备或电气元件之间的连接线如图 2-43（b）所示，用文字符号及数字编号表示中断。连接线穿越图线较多的区域时，将连接线中断，在中断处加相应的标记，如图 2-43（c）所示。

　　5）连接线的多线、单线和混合表示法

　　按照电路图中图线的根数不同，连接线可分为多疾、单线和混合表示法。

　　每根连接线各用一条图线表示的方法，叫作多线表示法，其中大多数是三线；两根或两根以上（大多数是表示三相系统的三根线）连接线用一条图线表示的方法，叫作单线表示法；在同一图中，单线和多线同时使用的方法，叫作混合表示法。

　　图 2-44 为三相笼型感应电动机 Y/△减压启动电路的多线、单线、混合线表示法的电气控制电路图。图 2-44（a）为多线表示法，描述电路工作原理比较清楚，但图线太多显得乱些；图 2-44（b）为单线表示法，图面简单，缺点是对某些部分（如△连接）描述不够详细；图 2-44（c）为混合表示法，兼有两者的优点，在复杂图形情况卜被采用。

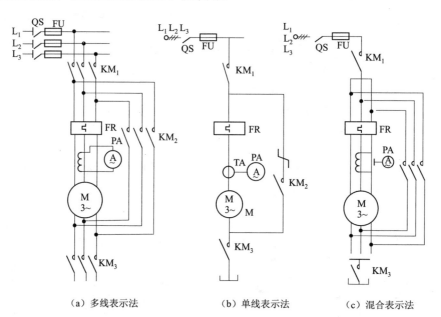

（a）多线表示法　　　　　（b）单线表示法　　　　　（c）混合表示法

图 2-44　在电路中连接线的表示方法

QS—刀开关；FU—熔断器；KM_1、KM_2、KM_3—接触器；FR—热继电器；

TA—电流互感器；RA—电流表；M—电动机

2.4.4 阅读电气图的基本方法和步骤

1. 基本方法

（1）从简单到复杂，建议循序渐进识图。初学识图要本着从易到难、从简单到复杂的原则识图。一般而言，照明电路比电器控制电路简单，单项控制电路比系列控制电路简单，复杂电路都是由简单电路组合而成的。从简单的电路图开始，搞清楚每一电气符号的含义，明确每一电器元件的作用，理解电路的工作原理，为复杂电路的识图打下坚实的基础。

（2）结合电工基础理论识图。供电系统、电机拖动的各种控制电路都是根据电工基础理论知识来设计的，电工识图，着重是对电气原理图的理解，要具备电工基础理论知识。因此结合电工基础理论识图、容易搞清楚电路的电气原理，并能提高识图的速度。

（3）结合电器元件的结构和工作原理识图。电路中的各种电器元件是电路的重要组成部分，如常用的各种继电器、接触器、控制开关、互感器、断路器、熔断器、主令电器等。在识图时，首先要了解这些电器元件的结构、性能、相互控制关系以及在整个电路中的作用，才能更好地理解整个电路的工作原理，看懂电路图。

（4）结合典型电路识图。典型电路是最常见的基本电路，较为复杂的电路都是由若干个基本电路所组成的。首先掌握并熟悉最常见的基本电路，如常用电气设备基本控制电路、电动机基本控制电路、常用电器元件基本控制电路等。结合典型电路识图，有利于对复杂电路的理解，能较快地分清电路的主次环节，搞清电路的工作原理。

2. 识图的基本步骤

识图一般首先阅读图纸技术说明部分，然后读电气原理图，其次看电气安装图，最后看展开接线图、平面布置图、剖面图等。

（1）阅读图纸说明。识图时，阅读图纸说明可明确电路设计内容和施工要求，能抓住识图的要点，图纸说明的内容包括图纸目录、技术说明、元件明细表和施工说明书等。

（2）读懂电气原理图。读懂电气原理图是电工识图的主要环节，其目的是明确电路的性能、组成、各电气元件的作用以及整个电路的工作原理。

（3）读懂电气安装图。电气安装图是根据电气原理图绘制的，在读懂原理图的基础上看电气安装图。读图从主电路开始，由电源引入端，按回路顺序，查阅各控制电气元件，直到电气设备，然后读辅助电路，直到返回另一端，确定电气设备和电气元件的安装位置与次序。

（4）读展开接线图。应对照电气原理图，从上到下或从左到右来读展开接线图，读展开接线图应注意，控制电器元件的接点往往接在其他回路中，看图时要与原理图——对应，形成完整的电路。

（5）读平面布置图和剖面图。读平面布置图主要是了解土建平面概况，明确主要电气设备的位置，结合剖面图进一步搞清电气设备的空间布置，以便实施安装接线的整体计划。在识图的过程中不一定把所有的电气图都读一遍，其中电气原理图是基础也是关键，而且平时要注意电气专业知识和知识的不断积累，加强读图实践，读的越多，电工识图的基本技能也越会逐步提高。读懂理解电气原理图之后，再读与之相配套的其他电气图就相对容易了。

第 3 章

导线连接与照明

3.1　导线连接

导线是用来输送和传导电能以及传递信息的电工线材，一般由导电的线芯、不导电的绝缘层、保护导线的保护层三部分组成。其中线芯一般是由金属制成，具有导电性好，有一定的机械强度，不易氧化和腐蚀，容易加工和焊接等特点。金属中导电性能最佳的是银，其次是铜、铝，但是由于银的价格较昂贵，因此一般导线采用的都是铜和铝。

铜的导电性能好，在常温时有足够的机械强度，具有良好的延展性，便于加工，化学性能稳定，不易氧化和腐蚀，容易焊接，因此应用比较广泛。

铝的导电系数虽然比铜大，但是铝资源比较丰富，价格便宜，而且密度比铜小，因此在铜材缺乏时，铝材是最好的代用品。铝导线的焊接比较困难，必须采用特殊的焊接工艺。

3.1.1　导线的选择

导线允许通过的最大电流叫导线的安全载流量。某截面的绝缘导线在不超过最高工作温度（650 ℃）条件下，允许长期通过的最大电流为最大安全电流。我们平常使用的导线有：BV——铜塑，BLV——铝塑 ，BVX——铜橡，BLX——铝橡。

不论是工矿企业还是日常生活，对用电设备的导线选择都是很重要的。维修电工能熟练地掌握各种电线的安全电流、用电设备的额定电流、线路的电压损失等技能对做好本职工作是很必要的。

我们在选择合适的导线时，应该遵循以下三个步骤：

（1）求出用电设备的总功率。

（2）根据功率求出导线的载流量：$I = P/U$。

（3）根据载流量求出导线的截面积。

由于导线的工作温度除与导线通过的电流有关外，还与导线的散热条件和环境温度有关，所以导线的允许载流量并非某一固定值。敷设方式不同，环境温度不同，其允许载流量也不相同。

通过长期的实践，总结出了导线安全电流口诀：10下五；100上二；25、35四三界；70、95两倍半；穿管、温度八九折；裸线加一半；铜线升级算。

该口诀解释如下：10 mm² 以下各规格的铝质电线，如 2.5 mm²、4 mm²、6 mm²、10 mm²，每平方毫米可以通过 5 A 电流；100 mm² 以上各规格的电线，如 120 mm²、150 mm²、185 mm²，每平方毫米可以通过 2 A 电流；25 mm² 的电线每平方毫米可以通过 4 A 电流，35 mm² 的电线每平方毫米可以通过 3 A 电流；70 mm²、95 mm² 的电线每平方毫米可以通过 2.5 A 电流；如果电线需穿电线管或经过高温地方时，其安全电流需打折扣，即安全电流再乘以 0.8 或 0.9；架空的裸线可以通过较大的电流，即在原来的安全电流上再加上一半的电流；铜线升级算是指，每种规格的铜线可以通过的电流与高一级规格的铝线可以通过的电流相同，即 2.5 mm² 的铜线可以代替 4 mm² 的铝线，4 mm² 的铜线可以代替 6 mm² 的铝线。

这个估算口诀简单易记，估算的安全载流量与实际非常接近，在我们选择导线时很有帮助。如果我们知道了负荷的电流，就可很快算出使用多大截面的导线。

电气装修工程中，导线的连接是电工基本工艺之一。导线连接的质量关系着线路和设备运行的可靠性与安全程度。对导线连接的基本要求是：电接触良好，机械强度足够，接头美观，且绝缘恢复正常。

低压技术规程要求导线连接应符合的规定：①刨切导线绝缘时，不应损伤线芯；②导线中间连接和分支连接应使用熔焊、线夹、瓷接头或压接法连接；③分支线的连接处，干线不应受来自支线的横向拉力；④截面 10 mm² 及以下单股铜芯线，2.5 mm² 及以下的多股铜芯线和单股铝线与电器的端子可直接连接，但多股铜芯线应先拧紧挂锡后再连接；⑤多股铝芯线和截面超过 2.5 mm² 的多股铜芯线的终端，应焊接或压接端子后，再与电器的端子连接；⑥导线焊接后，接线头的残余焊药和焊渣应清除干净。焊锡应灌得饱满，不应使用酸性焊剂；⑦接头应用绝缘带包缠均匀、严密，不低于原导线的绝缘强度。

■ 3.1.2　导线绝缘层的剖削

1. 塑料硬线绝缘层的剖削

有条件时，去除塑料硬线的绝缘层用剥线钳最为方便，这里要求能用钢丝钳和电工刀剖削。

线芯截面在 2.5 mm² 及以下的塑料硬线，可用钢丝钳剖削：先在线头所需长度交界处，用钢丝钳口轻轻切破绝缘层表皮，然后左手拉紧导线，右手适当用力捏住钢丝钳头部，向外用力勒去绝缘层。如图 3-1 所示。在勒去绝缘层时，不可在钳口处加剪切力，这样会伤及线芯，甚至将导线剪断。

对于规格大于 4 mm² 的塑料硬线的绝缘层，直接用钢丝钳剖削较为困难，可用电工刀剖削。先根据线头所需长度，用电工刀刀口对导线成 45°切入塑料绝缘层，注意掌握刀口刚好削透绝缘层而不伤及线芯，如图 3-2 (a)所示。然后调整刀口与导线间的角度以 15°向前推进，将绝缘层削出一个缺口，如图 3-2 (b)所示，接着将未削去的绝缘层向后扳翻，再用电工刀切齐，如图 3-2 (c)所示。

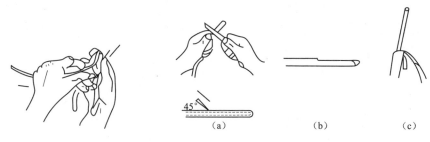

图 3-1　用钢丝钳勒去导线绝缘层　　　图 3-2　用电工刀剖削塑料硬线

2. 塑料软线绝缘层的剖削

塑料软线绝缘层的剖削除用剥线钳外，还可用钢丝钳按直接剖剥 2.5 mm² 及以下的塑料硬线的方法进行，但不能用电工刀剖剥。因塑料线太软，线芯又由多股钢丝组成，用电工刀很容易伤及线芯。

3. 塑料护套线绝缘层的剖削

塑料护套线绝缘层分为外层的公共护套层和内部每根芯线的绝缘层。公共护套层一般用电工刀剖削，先按线头所需长度，将刀尖对准两股芯线的中缝划开护套层，并将护套层向后扳翻，然后用电工刀齐根切去，如图 3-3 所示。

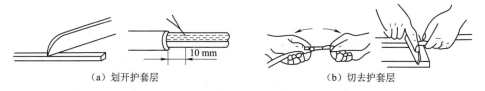

（a）划开护套层　　　　　　　　　　（b）切去护套层

图 3-3　塑料护套线的剖削

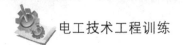
切去护套后，露出的每根芯线绝缘层可用钢丝钳或电工刀按照剖削塑料硬线绝缘层的方法分别除去。钢丝钳或电工刀在切时切口应离护套层5～10 mm。

4. 橡皮线绝缘层的剖削

橡皮线绝缘层外面有一层柔韧的纤维编织保护层，先用剖削护套线护套层的办法，用电工刀尖划开纤维编织层，并将其扳翻后齐根切去，再用剖削塑料硬线绝缘层的方法，除去橡皮绝缘层。如橡皮绝缘层内的芯线上包缠着棉纱，可将该棉纱层松开，齐根切去。

5. 花线绝缘层的剖削

花线绝缘层分外层和内层，外层是一层柔韧的棉纱编织层。剖削时选用电工刀在线头所需长度处切割一圈拉去，然后在距离棉纱编织层 10 mm 左右处用钢丝钳按照剖削塑料软线的方法将内层的橡皮绝缘层勒去。有的花线在紧贴线芯处还包缠有棉纱层，在勒去橡皮绝缘层后，再将棉纱层松开扳翻，齐根切去，如图 3-4 所示。

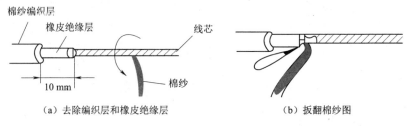

（a）去除编织层和橡皮绝缘层　　　　　（b）扳翻棉纱图

图 3-4　花线绝缘层的剖削

6. 橡套软线（橡套电缆）绝缘层的剖削

橡套软线外包护套层，内部每根线芯上又有各自的橡皮绝缘层。外护套层较厚，按切除塑料护套层的方法切除，露出的多股芯线绝缘层，可用钢丝钳勒去。

7. 铅包线护套层和绝缘层的剖削

铅包线绝缘层分为外部铅包层和内部芯线绝缘层，剖削时选用电工刀在铅包层切下一个刀痕，然后上下左右扳动折弯这个刀痕，使铅包层从切口处折断，并将它从线头上拉掉。内部芯线绝缘层的剖除方法与塑料硬线绝缘层的剖削方法相同。

8. 漆包线绝缘层的去除

漆包线绝缘层是喷涂在芯线上的绝缘漆层。由于线径的不同，去除绝缘层的方法也不一样。直径在 1 mm 以上的，可用细砂纸或细纱布擦去；直径在 0.6 mm 以上的，可用薄刀片刮去；直径在 0.1 mm 及以下的也可用细砂纸或细纱布擦除，但易于折断，需要小心操作。有时为了保留漆包线的芯线直径准确以便于测量，也可用微火烤焦其线头绝缘层，再轻轻刮去。

■ 3.1.3　导线的绞合连接

导线连接是电工作业的一项基本工序，导线连接的质量直接关系到整个线路能否正常运行，能否长期安全可靠地运行。我们对导线连接的基本要求为：连接牢固可靠，接头电阻小，机械强度高，耐腐蚀氧化，绝缘性能好。

常用的导线按芯线股数不同，有单股、7 股和 19 股等多种规格，其连接方法也各不相同。

1. 铜芯导线的连接

（1）单股芯线有绞接和缠绕两种方法。

绞接法用于截面较小的导线，缠绕法用于截面较大的导线。

绞接法是先将已剖除绝缘层并去掉氧化层的两根线头呈 "×" 形相交，互相绞合 2～3 圈［图 3-5（a）］，接着扳直两个线头的自由端，将每根线自由端在对边的线芯上紧密缠绕 5～6 圈［图 3-5（b）］，将多余的线头剪去，修理好切口毛刺即可。

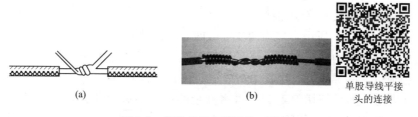

(a)　　　　　　　　(b)　　　　　　单股导线平接头的连接

图 3-5　单股芯线直线连接（绞接）

缠绕法是将已去除绝缘层和氧化层的线头相对交叠，再用直径为 1.6 mm 的裸铜线做缠绕线在其上进行缠绕，其中线头直径在 5 mm 及以下的缠绕长度为 60 mm，直径大于 5 mm 的，缠绕长度为 90 mm。

（2）单股铜芯线的 T 形连接。

单股芯线 T 形连接时可用绞接法和缠绕法。绞接法是先将除去绝缘层和氧化层的线头与干线剖削处的芯线十字相交，注意在支路芯线根部留出 3～5 mm 裸线，接着顺时针方向将支路芯线在干中芯线上紧密缠绕 6～8 圈［图 3-6］。剪去多余线头，修整好毛刺。注意第一圈要将线芯本身打结以防脱落。

对用绞接法连接较的截面较大的导线，可用缠绕法，其具体方法与单股芯线直连的缠绕法相同。

（3）单股铜芯线的十字连接。

用分支出去的两根线芯合起来往另外一根线芯上缠绕 9～10 圈，将多余

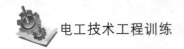

的线头剪去，修理好切口毛刺即可。如图 3-7 所示。

单股导线丁字
接头的连接

图 3-6　单股芯线 T 形连接

单股导线十字
接头的连接

图 3-7　单股铜芯线的十字连接

（4）多根导线的终端连接。

如图 3-8（a）所示，当为两支导线时，两线芯互绞 5～6 圈，再将线头向后弯曲，将多余的线头剪去，修理好切口毛刺即可；如图 3-8（b）所示，当为三根或以上的导线时，用其中一根线芯往其余线芯上缠绕 5～6 圈，将多余的线头剪去，修理好切口毛刺，再将其余的线头向后弯曲并将多余的线头剪去，修理好切口毛刺即可。

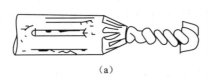
（a）

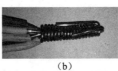
（b）

单股导线终端
接头的连接

图 3-8　多根导线的终端连接

（5）软线与单股导线的连接。

如图 3-9 所示，先将软线线芯往单股导线上缠绕 7～8 圈，再把单股导线的线芯向后弯曲并压紧软线缠绕部分即可。

（6）7 股铜芯线的直接连接。

把除去绝缘层和氧化层的芯线线头分成单股散开并拉直，在线头总长（离根部距离的）1/3 处顺着原来的扭转方向将其绞紧，余下的 2/3 长度的线头分散成伞形，如图 3-10（a）所示。将两股伞形线头相对，隔股交叉直至伞形根部相接，然后捏平两边散开的线头，如图 3-10（b）所示。接着 7 股铜芯线按根数 2、2、3 分成三组，先将第一组的两根线芯扳到垂直于线头的方向，如图 3-10（c）所示，按顺时针方向缠绕两圈，再弯下扳成直角使其紧贴芯线，如图 3-10（d）所示。第二组、第三组线头仍按第一组的缠绕办法紧密缠绕在芯线上，如图 3-10（e）所示；为保证电接触良好，如果铜线较粗较硬，可用钢丝钳将其绕紧。缠绕时注意使后一组线头压在前一组线头已折成直角的根部。最后一组线头应在芯线上缠绕三圈，在缠到第三圈时，把前两组多余的线端剪除，使该两组线头断面能被最后一组第三圈缠绕完的线匝遮住，最后一组线头绕到两圈半时，就剪去多余部分，使其刚好能缠满三圈，再用钢丝钳钳平线头，修理好毛刺，如图 3-10（f）所示。到此完成了该接着的一半任务。后一半的缠绕方法与前一半完全相同。

软线与单股
导线的连接

图 3-9　软线与单股导线的连接

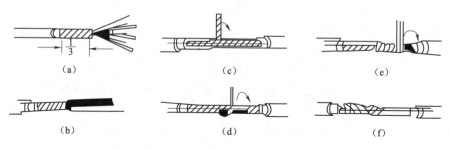

图 3-10　7 股铜芯线的直接连接

（7）7 股铜芯线的 T 形连接。

把除去绝缘层和氧化层的支路线端分散拉直，在距根部 1/8 处将其进一步绞紧，将支路线头按 3 和 4 的根数分成两组并整齐排列。接着用一字形螺丝刀把干线也分成尽可能对等的两组，并在分出的中缝处撬开一定距离，将支路芯线的一组穿过干线的中缝，另一组排于干路芯线的前面，如图 3-11（a）所示。先将前面一组在干线上按顺时针方向缠绕 3～4 圈，剪除多余线头，修整好毛刺，如图 3-11（b）所示。接着将支路芯线穿越干线的一组在干线上按反时针方向缠绕 3～4 圈，剪去多余线头，钳平毛刺即可，如图 3-11（c)所示。

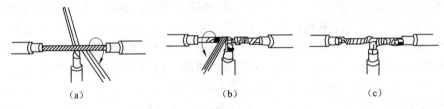

（a）　　　　　　　　（b）　　　　　　　　（c）

图 3-11　7 股铜芯线 T 形连接

2. 铝导线线头的连接

铝的表面极易氧化，而且这类氧化铝膜电阻率又高，除小截面铝芯线外，其余铝导线都不采用铜芯线的连接方法。在电气线路施工中，铝导线线头的连接常用螺钉压接法、压接管压接法和沟线夹螺钉压接法三种。因铝导线现在应用较少，我们在此就不作详细介绍了。

3. 线头与接线桩的连接

（1）线头与针孔接线桩的连接。

端子板、某些熔断器、电工仪表等的接线部位多是利用针孔附有压接螺钉压住线头完成连接的。线路容量小，可用一只螺钉压接；若线路容量较大，或接头要求较高时，应用两只螺钉压接。

单股芯线与接线桩连接时，最好按要求的长度将线头折成双股并排插入针孔，使压接螺钉顶紧双股芯线的中间。如果线头较粗，双股插不进针孔，也可直接用单股，但芯线在插入针孔前，应稍微朝着针孔上方弯曲，以防压紧螺钉稍松时线头脱出。

在针孔接线桩上连接多股芯线时，先用钢丝钳将多股芯线进一步绞紧，以保证压接螺钉顶压时不致松散。注意针孔和线头的大小应尽可能配合。如图 3-12（a）所示。如果针孔过大可选一根直径大小相宜的铝导线做绑扎线，在已绞紧的线头上紧密缠绕一层，使线头大小与针孔合适后再进行压接，如图 3-12（b）所示。如果线头过大，插不进针孔时，可将线头散开，适量减去中间几股，通常 7 股可剪去 1～2 股，19 股可剪去 1～7 股，然后将线头绞紧，进行压接，如图 3-12（c）所示。

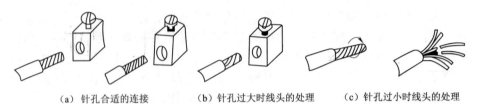

（a）针孔合适的连接　　　（b）针孔过大时线头的处理　　　（c）针孔过小时线头的处理

图 3-12　多股芯线与针孔接线桩连接

无论是单股或多股芯线的线头，在插入针孔时，一是注意插到底，二是不得使绝缘层进入针孔，针孔外的裸线头的长度不得超过 3 mm。

（2）线头与平压式接线桩的连接。

平压式接线桩是利用半圆头、圆柱头或六角头螺钉加垫圈将线头压紧，完成电连接。对载流量小的单股芯线，先将线头弯成接线圈，如图 3-13 所示，再用螺钉压接。对于横截面不超过 10 mm²、股数为 7 股及以下的多股芯线，应按图 3-14 所示的步骤制作压接圈。对于载流量较大，横截面积超过 10 mm²、股数多于 7 股的导线端头，应安装接线耳。

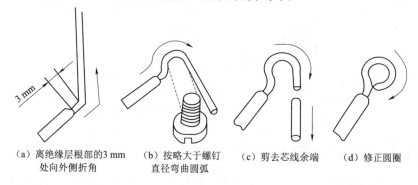

（a）离绝缘层根部的3 mm处向外侧折角　（b）按略大于螺钉直径弯曲圆弧　（c）剪去芯线余端　（d）修正圆圈

图 3-13　单股芯线压接圈的弯法

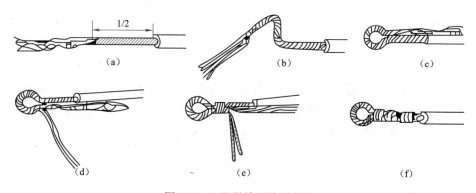

（a）　（b）　（c）

（d）　（e）　（f）

图 3-14　7 股导线压接圈弯法

连接这类线头的工艺要求是：压接圈和接线耳的弯曲方向应与螺钉拧紧方向一致，连接前应清除压接圈、接线耳和垫圈上的氧化层及污物，再将压接圈或接线耳放在垫圈下面，用适当的力矩将螺钉拧紧，以保证良好的电接触。压接时注意不得将导线绝缘层压入垫圈内。

软线线头的连接也可用平压式接线桩。导线线头与压接螺钉之间的绕结方法如图 3-15 所示，

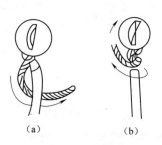

（a）　（b）

图 3-15　软导线线头连接

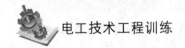

其要求与上述多芯线的压接相同。

（3）线头与瓦形接线桩的连接。

瓦形接线桩的垫圈为瓦形。压接时为了不致使线头从瓦形接线桩内滑出，压接前应先将去除氧化层和污物的线头弯曲成 U 形。如图 3-16（a）所示，再卡入瓦形接线桩进行压接。如果在接线桩上有两个线头连接，应将弯成 U 形的两个线头相重合，再卡入接线桩瓦形垫圈下方压紧。如图 3-16（b）所示。

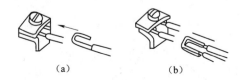

（a）　　　　　　（b）

图 3-16　单股芯线与瓦形接线桩的连接

■ 3.1.4　线头绝缘层的恢复

在线头连接完工后，导线连接前所破坏的绝缘层必须恢复，且恢复后的绝缘强度一般不应低于剖削前的绝缘强度，方能保证用电安全。电力线上恢复线头绝缘层常用黄蜡带、涤纶薄膜带和黑胶带（黑胶布）三种材料。绝缘带宽度选 20 mm 比较适宜。包缠时，先将黄蜡带从线头的一边在完整绝缘层上离切口 40 mm 处开始包缠，使黄蜡带与导线保持 55°的倾斜角，后一圈压叠在前一圈 1/2 的宽度上，常称半叠包，如图 3-17（a）、（b）所示。黄蜡带包缠完以后将黑胶带接在黄蜡带尾端，朝相反方向斜叠包缠，仍倾斜 55°，后一圈仍压叠前一圈 1/2，如图 3-17（c）、（d）所示。

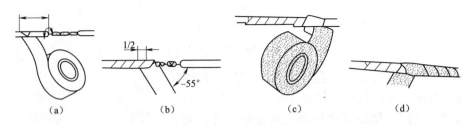

（a）　　　　　　（b）　　　　　　（c）　　　　　　（d）

图 3-17　绝缘带的包缠

在 380 V 的线路上恢复绝缘层时，先包缠 1～2 层黄蜡带，再包缠一层黑胶带。在 220 V 线路上恢复绝缘层，可先包一层黄蜡带，再包一层黑胶带。或不包黄蜡带，只包两层黑胶带。

3.2　家居用电

电已经成为现代生活中不可缺少的重要能源。但如果不了解安全用电常识，很容易造成电器损坏，引发电气火灾，甚至带来人员伤亡等后果。所以说"安全用电，要高度重视"，学一些安全用电知识，很有必要。可以回顾一下第 1 章中相关内容。

3.2.1　家居用电安装模式

所有入墙电线均采用 φ20 的 PVC 阻燃管套管埋设，并用弯头、直节、接线盒等连接，管中不可有接头，不可将电源线裸露在吊顶上或直接用水泥抹入墙中，以保证电源线可以拉动或更换。

在特殊状况下，电源线管从地面下穿过时，应特别注意在地面下必须使用套管连接紧密，在地面下不允许有接头，电源线出入地面处必须套用弯头。地面没有封闭之前，必须保护好 PVC 套管，不允许有破裂损伤，铺地板砖时 PVC 套管应被砂子完全覆盖，钉木地板时，电源线应沿墙角铺设，以防止电源线被钉子损伤。

电源线走向横平竖直，不可斜拉，并且避开壁镜、什物架、家具等物的安装位置，防止被电锤、钉子损伤。电源线埋设时，应考虑与电热、水汀、水管及弱电管线等保持 500 mm 以上的距离。

电源线管应预先固定在墙体槽中，要保证套管表面凹进墙面 13 mm 以上（墙上开槽深度大于 33 mm），经检验认可，电源线连接合格后，应浇湿墙面，用 1∶5 混凝土封闭，封闭混凝土表面要平整，且低于墙面 2 mm。电源底盒安装要牢固，面板底面平整，与墙面吻合。

空调电源采用 16 A 三孔插座，在儿童可触摸的高度内（1.5 m 以下）应采用带保护门的插座，卫生间、洗漱间、浴室应采用带防溅的插座，安装高度不低于 1.3 m，并远离水源，为便于生活舒适方便，卧室应采用双控开关，厨房电源插座应并列设置开关，控制电源通断，放入柜中的微波炉的电源应在墙面设置开关控制通断。

各种强弱电插座接口宁多勿缺，床头两侧应设置电源插座及一个电话插座，电脑桌附近，客厅电视柜背景墙上都应设置 3 个以上电源插座，并设置相应的电视、电话、多媒体、宽带网等插座。

开关线盒一般离地 1.2 m，一个房间一个多用插座。所有插座、开关要高于地面 300 mm 以上，同一房间内插座、开关高度一致（高度差小于 5 mm，

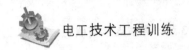

并列安装高度差小于 1 mm），并且不会被推拉门、家具等物遮挡。

跷板开关安装方向一致下端按入为通，上端按入为断。插座开关、面板紧固时，应用配套的螺钉，不得使用木螺钉或石膏板螺丝替代以免损坏底盒。

有金属外壳的灯具，金属外壳应可靠接地：火线应接在螺口灯头中心触片上；射灯发热量大，应选用导线上套黄腊管的灯座，接好线后，应使灯座导线散开。

音响、电视、电话、多媒体、宽带网等弱电线路的铺设方法及要求与电源线的铺设方法相同（避开强电线路），其插座或线盒与电源插座并列安装，但强弱线路不允许共套一管，其间隔距离为 500 mm 以上。

音响线出入墙面应做底盒，位置在音箱背后，墙面不允许有明线。不用时，音响线可放入底盒，盖上面板。

强弱电安装质量检验方法：弱电线须采用短接一头，在另一头测量通断的方法，电源插座采用专用工具测试或用 220 V 灯光测试通断，用兆欧表测量线间绝缘强度，线间绝缘强度大于 0.5 MΩ。

■ 3.2.2　家居用电模拟安装

因为家庭用电主要是照明和家电，所以进行家居用电模拟安装主要模拟日光灯、路灯、两地控制以及插座的安装。

家居用电安装原理图如图 3-18 所示。

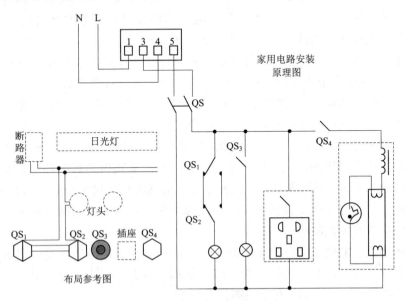

图 3-18　家居用电安装原理图

在安装时要注意的事项如下：

（1）所有元器件在使用前进行检查，首先看外观，不能有损坏；然后检查元器件的各接线柱、簧片等是否完好。

（2）所有开关都应该接在相线端。

（3）QS_1 和 QS_2 是单刀双掷开关，QS_1 的 L 端子应接相线，QS_2 的 L 端子应接灯座的相线端，然后两个开关的 L_1、L_2 端子分别相连。

（4）QS_3 使用的是触摸延时开关，要注意 L 端子接相线，LOAD 端子应接灯座的相线端。

（5）插座安装时应按照"左零右火上地"的规则进行安装，不然容易导致所接设备外壳带电，引起触电事故发生。

第4章

基本控制电路

4.1 三相电动机控制电路

在第 2 章介绍了常用的电气控制元器件，本章将用几个基本控制电路向大家介绍三相电动机控制电路的安装。

■ 4.1.1 三相异步电动机

电动机是将电能转换成机械能的一种设备。它是利用通电线圈（也就是定子绕组）产生旋转磁场并作用于转子（如鼠笼式闭合铝框）形成磁电动力旋转扭矩。电动机按使用电源不同分为直流电动机和交流电动机，电力系统中的电动机大部分是交流电机，可以是同步电机或者是异步电机（电机定子磁场转速与转子旋转转速不保持同步速度）。电动机主要由定子与转子组成，通电导线在磁场中受力运动的方向跟电流方向和磁感线（磁场）方向有关。电动机工作原理是磁场对电流受力的作用，使电动机转动。

使用范围较广的一般是三相异步电动机，三相异步电动机的结构，由定子、转子和其他附件组成，如图 4-1 所示。

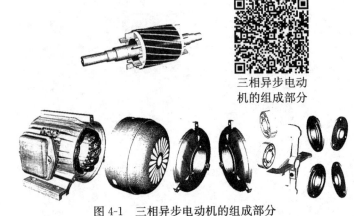

三相异步电动
机的组成部分

图 4-1 三相异步电动机的组成部分

1. 定子（静止部分）

1）定子铁芯

作用：电机磁路的一部分，并在其上放置定子绕组。

构造：定子铁芯一般由 0.35～0.5 mm 厚表面具有绝缘层的硅钢片冲制、叠压而成，在铁芯的内圆冲有均匀分布的槽，用以嵌放定子绕组。

2）定子绕组

作用：是电动机的电路部分，通入三相交流电，产生旋转磁场。

构造：由三个在空间互隔 120°电角度、对称排列的结构完全相同绕组连接而成，这些绕组的各个线圈按一定规律分别嵌放在定子各槽内。

定子绕组的主要绝缘项目有以下三种（保证绕组的各导电部分与铁芯间的可靠绝缘以及绕组本身间的可靠绝缘）：

（1）对地绝缘：定子绕组整体与定子铁芯间的绝缘。

（2）相间绝缘：各相定子绕组间的绝缘。

（3）匝间绝缘：每相定子绕组各线匝间的绝缘。

电动机接线盒内的接线：电动机接线盒内都有一块接线板，三相绕组的 6 个线头排成上下两排，并规定上排三个接线桩自左至右排列的编号为 1（U_1）、2（V_1）、3（W_1），下排三个接线桩自左至右排列的编号为 6（W_2）、4（U_2）、5（V_2），将三相绕组接成星形接法或三角形接法。凡制造和维修时均应按这个序号排列。

3）机座

作用：固定定子铁芯与前后端盖以支撑转子，并起防护、散热等作用。

构造：机座通常为铸铁件，大型异步电动机机座一般用钢板焊成，微型电动机的机座采用铸铝件。封闭式电机的机座外面有散热筋以增加散热面积，防护式电机的机座两端端盖开有通风孔，使电动机内外的空气可直接对流，以利于散热。

2. 转子（旋转部分）

1）三相异步电动机的转子铁芯

作用：作为电机磁路的一部分以及在铁芯槽内放置转子绕组。

构造：所用材料与定子一样，由 0.5 mm 厚的硅钢片冲制、叠压而成，硅钢片外圆冲有均匀分布的孔，用来安置转子绕组。通常用定子铁芯冲落后的硅钢片内圆来冲制转子铁芯。一般小型异步电动机的转子铁芯直接压装在转轴上，大、中型异步电动机（转子直径在 300 mm 以上）的转子铁芯则借助于转子支架压在转轴上。

2）三相异步电动机的转子绕组

作用：切割定子旋转磁场产生感应电动势及电流，并形成电磁转矩而使

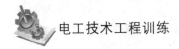

电动机旋转。

构造：分为鼠笼式转子和绕线式转子。

（1）鼠笼式转子。转子绕组由插入转子槽中的多根导条和两个环行的端环组成。若去掉转子铁芯，整个绕组的外形像一个鼠笼，故称笼型绕组。小型笼型电动机采用铸铝转子绕组，对于 100 kW 以上的电动机采用铜条和铜端环焊接而成。

（2）绕线式转子。绕线转子绕组与定子绕组相似，也是一个对称的三相绕组，一般接成星形，三个出线头接到转轴的三个集流环上，再通过电刷与外电路连接。

特点：结构较复杂，故绕线式电动机的应用不如鼠笼式电动机广泛。但通过集流环和电刷在转子绕组回路中串入附加电阻等元件，用以改善异步电动机的启动、制动性能及调速性能，故在要求一定范围内进行平滑调速的设备，如吊车、电梯、空气压缩机等上面采用。

3. 三相异步电动机的其他附件

（1）端盖：支撑作用。

（2）轴承：连接转动部分与不动部分。

（3）轴承端盖：保护轴承。

（4）风扇：冷却电动机。

4.1.2 三相异步电动机点动长动控制电路

如图 4-2 所示，合上电源开关 QS，当按一下启动按钮 SB_2 后，电动机就立即启动运行，由于交流接触器 KM 辅助触头的自锁作用，直到按下停止按钮 SB_1 后，电动机才会停止转动，因此该电路具有长动控制功能。

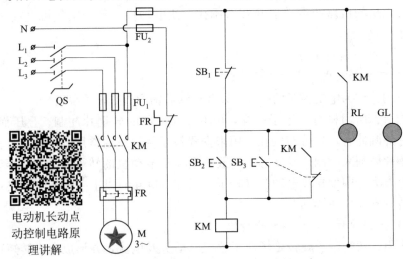

电动机长动点动控制电路原理讲解

图 4-2 三相异步电动机点动控长动制电路

当按下复合按钮 SB_3 时，SB_3 的常开触头闭合，电动机运行，当松开按钮 SB_3 时，由于 SB_3 的常开触头先断开，常闭触头后闭合，故电动机就停止运行。因此该电路又有点动控制功能。

因此，该电路为点动长动控制电路。

4.1.3　三相异步电动机正反转控制电路

如要求三相异步电动机能够正反转，只要调换定子绕组的相序，即调换任意两相电源，就可以改变电动机转动的方向。所以我们可以用两个交流接触器来实现。

这个电路有一个必须关注的问题，就是两个接触器不能同时闭合，否则会造成相间短路事故。因此在设计控制电路时必须围绕这一点进行。

图 4-3 为电气互锁的正反转控制电路。由于 KM_1 和 KM_2 常闭辅助触头的互锁作用，使两个接触器不可能同时闭合，因此安全性较高，但在实现正反转转换时必须先按下 SB_3 停止按钮才能实现，显然操作不方便。

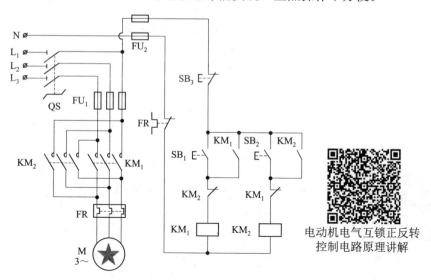

电动机电气互锁正反转
控制电路原理讲解

图 4-3　电气互锁的正反转控制电路

图 4-4 为机械互锁的正反转控制电路。由于 SB_1 和 SB_2 常闭辅助触头的互锁作用，使两个接触器不能同时闭合，而且该电路可以实时改变电动机转动方向。但该电路有个缺点，就是在切换按钮时速度过快的话，因切断电路时的电弧影响，有可能使两个接触器同时通电而造成相间短路，故安全性不高。

综合以上两个电路的优缺点，设计出如图 4-5 所示的双重互锁的正反转控制电路。该电路既有电气互锁，保证了安全性，又有机械互锁，能方便地进

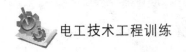

行正反转转换。

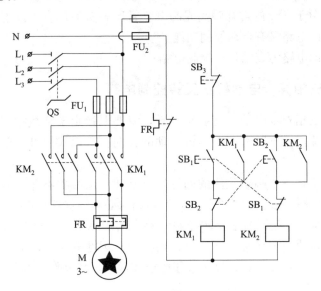

图 4-4　机械互锁的正反转控制电路

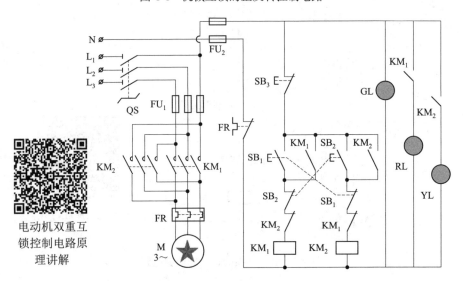

电动机双重互锁控制电路原理讲解

图 4-5　双重互锁的正反转控制电路

▍**4.1.4　三相异步电动机顺序动作控制电路**

以顺序启动、逆序停止控制电路为例，了解掌握顺序控制电路的工作原理。如图 4-6 所示，两台电动机 M_1 和 M_2，当 M_1 没有工作时，M_2 是不能启动的，只有当 M_1 启动后，而且时间继电器上所设定时间到了以后，KT 的常开触头闭合，按下 SB_2 按钮 M_2 才能启动。而当 M_2 启动后，由于 KM_2 辅助触头的互锁作用，使 M_1 不能先停止，只有 M_2 先停止后，M_1 才能停下来，所以，启动和停止都是有顺序的。

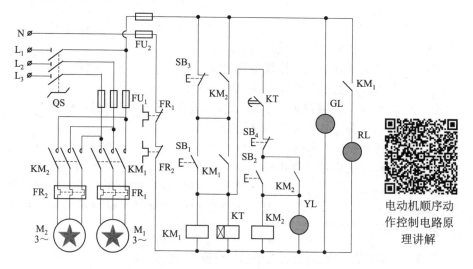

电动机顺序动作控制电路原理讲解

图 4-6　三相异步电动机顺序动作控制电路

4.2　三相电动机控制电路安装

■ 4.2.1　电气接线图的绘制规则

电气接线图，应当根据电气原理图、装配图以及接线的技术要求进行绘制。绘制接线图的规则如下：

（1）在接线图中，各电气的相对位置应与实际安装的相对位置一致。

（2）电机和电器元件仍用原理图中规定的图形符号来表示。属于同一电器的触点、线圈以及有关的安装部分应绘在一起并用细实线框入。各电机、电器上的接线编号和接线端的相对位置也应与实物一致。

（3）各电机、电器的文字符号和接线的编号应与电气原理图一致。

（4）成束的接线可用一条实线表示。接线很多时，可在电器的接线端只标明接线的线号和去向，不一定将接线全部绘出。

（5）在部分接线图中，对于外部接线用的接线座应注明外部接线的去向和接线编号。

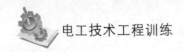

■ 4.2.2　三相异步电动机线路安装步骤

三相异步电动机线路的安装步骤如下：

（1）根据原理图绘制接线图。

（2）检查电器元件。检查按钮、接触器的分合情况；测量接触器、继电器等的线圈电阻；观察电机接线盒内的端子标记等。

（3）固定电器元件。按照接线图规定位置定位，将各元件规定牢固。

（4）按图接线。按照接线图的线号顺序接线。

（5）线路检查。线路检查一般用万用表进行，先查主回路，再查控制回路，分别用万用表测量各电器与线路是否正常。

（6）空载操作试车。经上述检查无误后，检查三相电源，断开主电路的保险，按一下对应的启动、停止按钮，各接触器等应有相应的动作。

（7）带负载试车。在空载操作试车后，将电源开关断开，插上保险，然后合上电源开关，按一下启动按钮，电动机应动作运转，然后按一下停止按钮，电动机将断电停车。

■ 4.2.3　三相异步电动机控制线路的安装接线图

识读接线图时，先看主电路，再看辅助（控制）电路，注意对照电气原理图看接线图，并注意图中的线路标号，它们是电器元件间导线连接的标记。

1. 三相异步电动机点动长动控制电路安装接线图

根据图 4-2 长动和点动控制电路原理图，绘制出其安装接线图，如图 4-7 所示。

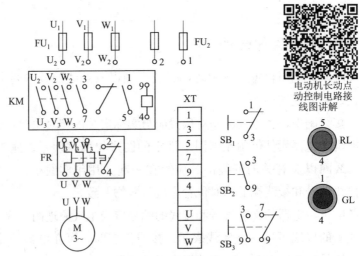

图 4-7　三相异步电动机点动长动控制电路安装接线图

2. 三相异步电动机正反转控制电路安装接线图

根据图 4-5 正反转控制电路原理图，绘制出其安装接线图，如图 4-8 所示。

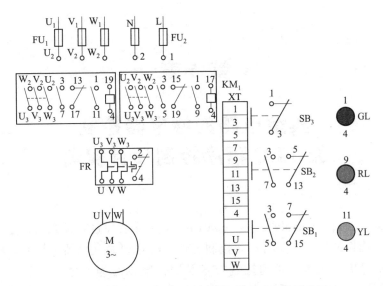

图 4-8　三相异步电动机正反转控制电路安装接线图

3. 三相异步电动机顺序延时控制电路安装接线图

根据图 4-6 顺序延时控制电路原理图，绘制出其安装接线图，如图 4-9 所示。

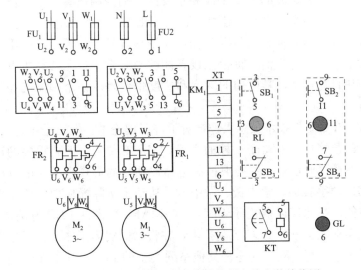

图 4-9　三相异步电动机顺序控制控制电路安装接线图

电动机长动点
动控制电路
安装实例

第 5 章

典型电路的继电器控制
及 PLC 程序控制项目实训

PLC（programmable logical controller，可编程序逻辑控制器）是一种具有极高可靠性的通用工业自动化控制装置。PLC 以微处理器为核心，将计算机技术、微电子技术、自动控制技术及通信技术融为一体，以取代传统的"继电器-接触器"控制系统实现逻辑控制、顺序控制、定时、计数功能，大型 PLC 还能进行数字运算、数据处理、模拟量调节、联网通信等。PLC 具有高可靠性、灵活通用、编程简捷、使用方便、控制能力强、易于扩充等优点，成为当今工业控制领域的主要手段和重要的自动控制设备，已广泛应用于机械制造、机床、冶金、采矿、建材、石油、化工、汽车、电力、造纸、纺织、装卸、环保等各行各业，到目前为止，无论从可靠性，还是从应用领域的广度与深度上，都没有任何一种控制设备能够与之媲美！尤其在机电一体化产品中的应用日益广泛，其应用的深度和广度也代表着一个国家工业现代化的先进程度。

"我对 PLC 工控技术很感兴趣，看了许多理论书，但还是难得入门"，这是很多人的苦恼！其实对于工控的学习，书务必要看，但更重要的还是要动手实践。本章将通过对一些经典控制电路以项目的形式进行深度分析来帮助你边看书边动手实训，学中做、做中学，从动手实际操作中领悟、理解从而内化为技能。在此仅以西门子 S7-200（SMART）系列 PLC 为例进行阐释；只要你扎实掌握了一种 PLC 控制技术，在将来的实际工作中，无论你所遇到的是西门子、三菱、欧姆龙还是其他系列类型的 PLC，其工作原理均大同小异，通过学习很快就会掌握，不必为此而纠结。

5.1　三相异步电动机点动长动控制

对三相异步电动机的控制系统，首先应熟悉交流接触器、热继电器、按钮的结构及其在控制电路中的应用。能识读简单电气控制线路图，并能分析其工作原理。掌握电气控制线路图的装接方法，学会使用万用表检查电路的方法，初步培养分析和排除电路故障的能力。掌握将继电器控制电路转换成 PLC 控制电路的方法，熟悉 PLC 梯形图程序设计方法。

5.1.1　项目引入

项目引入包括以下几点：（1）该控制电路的特点是：电动机 M 既可单向点动运行，又可单向连续运行。如图 5-1 所示。

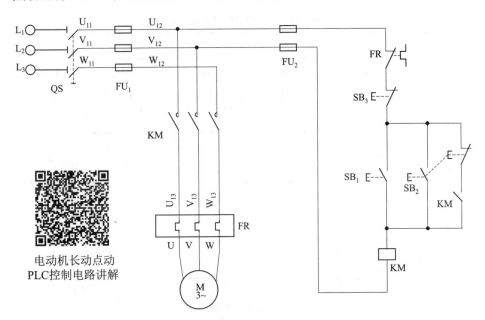

电动机长动点动
PLC控制电路讲解

图 5-1　三相异步电动机点动长动控制

（2）继电器控制流程：

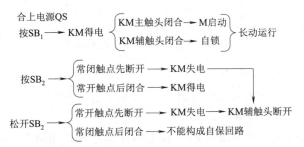

（3）继电器控制电路交互仿真：点动长动继电器控制电路的交互式仿真系统，请参见电工技术实训课程网站 http://etc.hunanup.com，在学中做，做中学，自主学习，交互仿真，网络互联，自我完善。

101

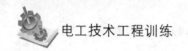
■5.1.2 项目实施

将继电器控制系统改造为 PLC 控制系统，一般按以下步骤实施：

（1）PLC 选型。经济、合理地选择所需要的电气元器件。因该任务较为简单，所需 I/O 点数较少，可使用小型 PLC。设备元件选择：S7-221 一台；三相交流异步电动机一台；交流接触器一台；红、绿、黄按钮各一个；热继电器一个；单级熔断器 5 个；导线若干。

（2）列出 PLC 控制系统 I/O 地址分配表（表 5-1）。

表 5-1　PLC 控制系统 I/O 地址分配表

输入信号			输出信号		
名称	代号	编号	名称	代号	编号
长动按钮	SB_1	I0.0	接触器	KM	Q0.0
点动按钮	SB_2	I0.1			
停止按钮	SB_3	I0.2			
热继电器	FR	I0.3			

（3）确定 PLC 的 I/O 接口控制接线图，如图 5-2 所示。

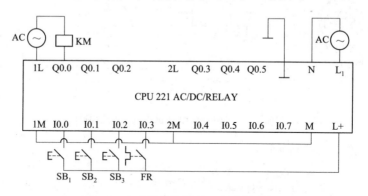

图 5-2　点动长动控制 PLC 控制接线图

说明： 无论是启动按钮还是停止按钮都接成常开状态，但热继电器 FR 的外部动作触点是接成常闭还是常开，应引起注意。人们一般都习惯于将输入端的开关触点均置于常开状态。

（4）根据控制要求，设计 PLC 控制程序梯形图，如图 5-3 所示。

（5）编译、调试程序，下载、监控运行程序控制系统。汇总整理、保存工程文档资料。

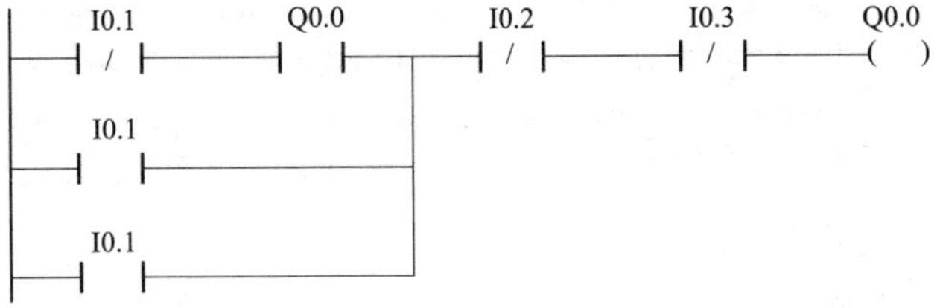

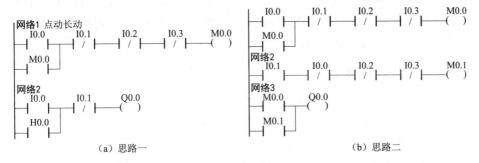

图 5-3　点动长动控制 PLC 控制梯形图

将编译、调试通过后的程序下载到 PLC 中，监控并运行该程序时发现：按下点动按钮 SB$_2$ 时 Q0.0 失电，松开 SB$_2$ 后 Q0.0 又得电，总是成自保持状态，不能实现点动功能。所以，设计的 PLC 程序一定要通过编译后再下载进行验证！

原因何在？应如何修改程序才能实现点动长动功能呢？

方法一　利用 PLC 辅助继电器 M 的点动长动控制，如图 5-4 所示。

图 5-4　利用辅助继电器的点动长动控制梯形图

思路二比思路一多用一个辅助继电器位操作指令，更为清晰。现以思路二为例分析程序执行过程，思路一的程序执行过程分析请自行完成。

（1）电动机连续运行。按下 SB$_1$ 按钮，输入信号 I0.0 有效，PLC 内部辅助继电器 M0.0 为 ON，同时其接点实现自锁，控制输出信号 Q0.0 为 ON，接触器 KM 线圈得电，实现电动机连续运行。

（2）电动机点动运行。按下 SB$_2$，输入信号 I0.1 有效，内部辅助继电器 M0.1 为 ON，控制输出信号 Q0.0 为 ON，接触器 KM 得电，电动机运行；松开按钮 SB$_2$ 复位时，输入信号 I0.1 为 OFF，内部辅助继电器 M0.1 断开，控制输出信号 Q0.0 断开，接触器 KM 线圈失电，电动机停止运行，从而实现电动机的点动控制。

（3）SB$_3$ 为停止按钮，FR 为电动机过载保护。

方法二　采用脉冲指令控制，如图 5-5 所示。

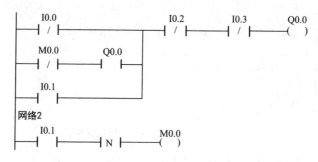

图 5-5　点动长动脉冲指令控制梯形图

程序执行过程如下：

（1）电动机的连续运行。按下 SB₁，输入信号 I0.0 有效，控制输出信号 Q0.0 为 ON，同时其接点实现自锁，控制接触器得电，电动机长动运行。

（2）电动机的点动运行。按下 SB₂，输入信号 I0.1 有效，控制输出信号 Q0.0 为 ON，控制接触器得电，电动机运行；当 SB₂ 松开时，通过下降沿脉冲指令产生的信号 M0.0 将自锁回路断开，使输出信号 Q0.0 为 OFF，控制接触器 KM 线圈失电，电动机停止运行。

■5.1.3　技能拓展

1. 知识链接——如何理解 I 和 Q（输入/输出）

PLC 的输入和输出信号的控制电压通常采用 DC 24 V，DC 直流 24 V 电压在工业控制中最为常见。

PLC 程序中的 I 是输入映像存储器，Q 是输出映像存储器。

I 是 PLC 从外部开关接收信号的窗口，可理解为：PLC 内部与 PLC 输入端子相连的输入映像存储器（I）是一种光电隔离绝缘的电子继电器，它有无数的常开（—| |—）与常闭（—|/|—）触点，其常开、常闭触点可随意使用。

在每一个扫描周期的开始，CPU 对物理输入点进行采样，并将采样值传输到相应的输入映像存储器中。

S7-200（SMART）系列 PLC，输入映像寄存器的"I"可按位、字节、字或双字来使用。

当按位使用时，地址编号范围是 I0.0～I15.7，共 128 位。

当按字节使用时，地址编号范围是 IB0～IB15，共 16 字节。

当按字使用时，地址编号范围是 IW0～IW14，共 8 个字。

当按双字使用时，地址编号范围是 ID0～ID12，共 4 个双字。

PLC 程序中的 Q 是向外部负载发送控制信号的窗口。输出映像寄存器 Q 的外部输出线圈（—( )—）在 PLC 内与该输出端子相连。Q 有无数的常开（—| |—）与常闭（—|/|—）触点，其常开、常闭触点可随意使用。

在每一个扫描周期的最后，CPU 将输出映像寄存器的状态成批传送至相应的物理输出点上。

S7-200（SMART）系列 PLC，输出映像寄存器的"Q"可按位、字节、字或双字来使用。

当按位使用时，地址编号范围是 Q0.0～Q15.7，共 128 位。

当按字节使用时，地址编号范围是 QB0～QB15，共 16 字节。

当按字使用时，地址编号范围是 QW0～QW14，共 8 个字。

当按双字使用时，地址编号范围是 QD0～QD12，共 4 个双字。

2. 做一做，练一练

（1）两个按钮控制一个输出，使用 SET 和 RST 指令，RST 优先的程序如何编写？

（2）两个按钮控制一个输出，使用 SET 和 RST 指令，SET 优先的程序如何编写？

（3）何谓"启-保-停"电路？如何调试及监控 PLC 程序运行？

提示：当启动和停止两个按钮同时按下时，有输出为 SET 优先，否则为 RST 优先。PLC 采用循环扫描工作方式，这是 PLC 区别于微机和其他控制设备的最大特点，使用者对此应给予足够重视，扫描顺序是从左至右，从上至下。

调试前，先将编译好的程序下载至 CPU，且让 CPU 工作在 RUN 模式；单击"运行"按钮，切换至运行模式；调试，进入监控状态。

5.2　三相异步电动机双重联锁正反转控制

三相异步电动机正、反转控制电路在实际生产作业中有着广泛的用途，主要用于生产机械的正、反转控制及行程往返控制。双重联锁，就是正、反转启动按钮的常闭触点相互串接在对方的控制回路中，且正、反转接触器的常闭触点也相互串接在对方的控制回路中，从而达到按钮和接触器双重联锁的目的。

■ 5.2.1　项目引入

（1）控制电路的特点是：电动机 M 既可正转运行，又可反转运行，且双重互锁。如图 5-6 所示。

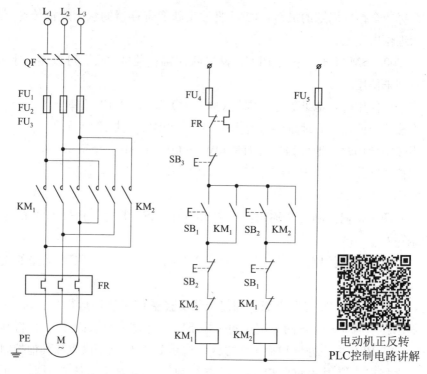

图 5-6 三相异步电动机正反转控制

（2）继电器控制流程：请参照上节方法，仔细分析其工作原理，画出该正反转控制电路的控制流程图。

（3）继电器控制电路交互仿真：参见电工技术实训课程网站 http：//etc. hunanup. com 正反转控制的相关内容。

■ 5.2.2 项目实施

在 PLC 发展的初期，沿用了设计继电器电路图的方法来设计梯形图程序，即在已有的典型梯形图的基础上，根据被控对象对控制的要求，不断地修改和完善梯形图。有时需要多次反复地调试和修改梯形图，不断地增加中间编程元件和触点，最后才能得到一个较为满意的结果。这种方法没有普遍的规律可以遵循，设计所用的时间、设计的质量与编程者的经验有很大的关系，称之为经验设计法。它可以用于逻辑关系较简单的梯形图程序设计。

用经验设计法设计 PLC 程序时大致可以按下面几步来进行：分析控制要求、选择控制原则；设计主令元件和检测元件，确定输入输出设备；设计执行元件的控制程序；检查修改和完善程序。

（1）列出 PLC 控制系统 I/O 地址分配表（表 5-2）

表 5-2　PLC 控制系统 I/O 地址分配表

输入信号			输出信号		
名称	代号	编号	名称	代号	编号
正转按钮	SB$_1$	I0.0	接触器	KM$_1$	Q0.0
反转按钮	SB$_2$	I0.1	接触器	KM$_2$	Q0.1
停止按钮	SB$_3$	I0.2			
热继电器	FR	I0.3			

（2）确定 PLC 的 I/O 接口控制接线图，如图 5-7 所示。

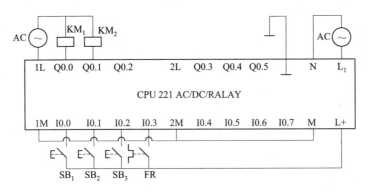

图 5-7　电动机正反转 PLC 控制接线图

（3）根据控制要求，设计 PLC 控制程序梯形图。

方法一　经验法直接转换为 PLC 梯形图，如图 5-8 所示。

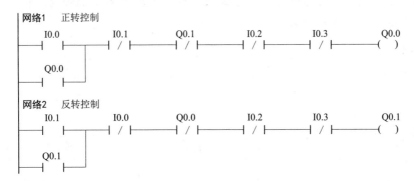

图 5-8　经验法直接为 PLC 梯形图

程序执行过程与继电器控制过程相同，请自行分析之。

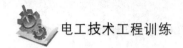

试问：如果有人同时将 SB₁、SB₂ 按下，使得 I0.0、I0.1 在同一瞬间接通，这将造成接触器主触点烧坏、三相短路的严重事故，应该如何避免？

方法二　利用辅助继电器 M 转换控制法，如图 5-9 所示。

网络1　　正反转控制
```
    I0.0        I0.1        M0.1        I0.2        I0.3        M0.0
  ──┤├────┬────┤/├────────┤/├────────┤/├────────┤/├────────( )──
    M0.0  │
  ──┤├────┘

网络2
    I0.1        I0.0        M0.0        I0.2        I0.3        M0.1
  ──┤├────┬────┤/├────────┤/├────────┤/├────────┤/├────────( )──
    M0.1  │
  ──┤├────┘

网络3
    M0.0        Q0.0
  ──┤├────────( )──

网络4
    M0.1        Q0.1
  ──┤├────────( )──
```

图 5-9　利用辅助继电器 M 转换控制

利用辅助继电器 M 位逻辑指令功能，其程序控制过程清晰明了，请自行分析其程序执行过程。

方法三　防止按钮粘连的电动机正反转控制。

该方法是在方法一的控制程序基础上，除互锁程序、保证正反停控制时只有一个输出有效外，采用上升沿脉冲指令将启动按钮的接通时间转换为只接通一个扫描周期的脉冲信号，达到防止按钮出现故障不能弹起或粘连所引起的事故，如图 5-10 所示。

网络1　　正转控制
```
    I0.0            I0.1        Q0.1        I0.2        I0.3        Q0.0
──┤├────┤P├──┬────┤/├────────┤/├────────┤/├────────┤├────────( )──
    Q0.0     │
──┤├─────────┘

网络2　　反转控制
    I0.1            I0.0        Q0.0        I0.2        I0.3        Q0.1
──┤├────┤P├──┬────┤/├────────┤/├────────┤/├────────┤├────────( )──
    Q0.1     │
──┤├─────────┘
```

图 5-10　防止按钮粘连的电动机正反转 PLC 控制梯形图

程序执行过程如下：

按下 SB$_1$，输入信号 I0.0 有效，上升沿脉冲指令将正向启动信号 I0.0 转换为接通一个扫描周期的脉冲信号，使输出信号 Q0.0 为 ON 并自锁，控制接触器 KM$_1$ 线圈得电，电动机 M 正转。按下 SB$_2$，输入信号 I0.1 有效，其常闭接点断开，输出信号 Q0.0 变为 OFF，电动机停止运行。电动机反转运行控制程序的执行过程与正转相同，请自行分析。

（4）编译、调试程序，下载、监控并运行程序控制系统。汇总整理、保存工程文档资料。

■ 5.2.3　技能拓展

1. 单按钮输入控制设备启/停程序

由于 PLC 具有可靠性高、编程简便、使用维护方便等优点，所以应用十分广泛。在设计采用 PLC 控制方案时，应充分考虑减少所需 PLC 输入点数的问题。为减少 PLC 输入点数，区别不同情况有多种实现方法，其中一种采用单按钮控制启动/停止的方法（俗称"琴键开关法"），即在 PLC 中通过程序使一个按钮具有启动/停止的控制功能，这不仅节约了所需 PLC 的输入点数，而且控制方便。下面介绍常见的几种控制方法。

（1）采用脉冲上升沿取指令法，如图 5-11 所示。

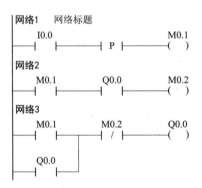

图 5-11　脉冲上升沿取指令法

其工作过程如下：

当第一次按下按钮 I0.0 时，在上升沿获取指令 P 的作用下，辅助继电器 M0.1 接通一个扫描周期，其一对常开接点接通输出 Q0.0 的线圈回路，且 Q0.0 自锁保持，Q0.0 输出驱动外部负载开始运行工作。同时，Q0.0 的另一对常开接点闭合，为 M0.2 接通做准备。

当第二次按下按钮 I0.0 时，在上升沿获取指令 P 的作用下，辅助继电器 M0.1 又接通一个扫描周期，其一对常开接点接通 M0.2 的线圈回路，M0.2

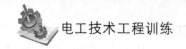

的常闭接点断开，使得 Q0.0 的自锁保持电路失电，Q0.0 停止输出，外部负载停止运行。

（2）采用脉冲指令和置位/复位指令法，如图 5-12 所示。

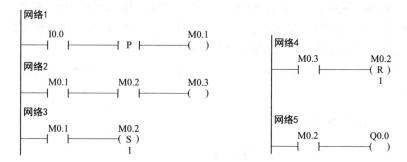

图 5-12　脉冲指令和置位/复位指令法

其工作过程如下：

当第一次按下按钮 I0.0 时，在上升沿获取指令 P 的作用下，辅助继电器 M0.1 接通一个扫描周期，使置位指令 S 起作用，从而使 M0.2 置位且保持闭合，M0.2 的一对常开接点接通输出 Q0.0 的线圈回路，Q0.0 输出驱动外部负载开始运行工作；同时，M0.2 的另一对常开接点闭合，为 M0.3 接通做准备。

当第二次按下按钮 I0.0 时，在上升沿获取指令 P 的作用下，辅助继电器 M0.1 又接通一个扫描周期，其一对常开接点接通 M0.3 的线圈回路，使复位指令 R 起作用，从而使 M0.2 复位且保持断开，使得 Q0.0 线圈回路失电，Q0.0 停止输出，外部负载停止运行。

（3）采用计数器法。如图 5-13 所示，其工作过程如下：

图 5-13　计数器法

当第一次按下按钮 I0.0 时，在上升沿获取指令 P 的作用下，辅助继电器 M0.0 接通一个扫描周期，M0.0 的常开接点接通，使 Q0.0 线圈得电并自锁保持，启动外部负载工作；同时，M0.0 的另一对常开接点动作，使计数器 C1 计数一次。

当第二次按下 I0.0 时，M0.0 又产生一个脉冲，C1 又计数一次，累计已达到计数定值两次，C1 的常闭触点断开 Q0.0 的输出，外部负载停止运行；同时，C1 的一对常开接点闭合，使 C1 计数器复位而恢复设定值，为下一次重新计数做准备。

2. 知识链接——如何理解程序中的软元件 M、S、SM 符号

M 为中间继电器，S 为状态继电器，SM 为特殊继电器。

中间继电器 M 一般用于存储程序中的中间状态或控制信息。中间继电器在程序中可按位如 M0.0、字节如 MB4、字如 MW8 或双字如 MD6 来使用。默认一般用途的中间继电器 M 范围为 M0.0～M13.7；停电保持型中间继电器 M 范围为 M14.0～M31.7。

PLC 内有些 M 模型由一个线圈与触点组成；其线圈可由 PLC 内的各种软元件驱动；其无数的常开、常闭触点，在 PLC 内可随意使用，但 M 线圈不能直接驱动外部负载，外部负载只能通过元件 Q 来驱动。

状态继电器 S 一般用来编写步进阶梯指令，表示该步的状态，配合 SCR 指令完成步进阶梯指令控制程序的逻辑分段。状态继电器的编号范围为 S0.0～S31.7。在不用 SCR 指令时，状态元件 S 与普通元件 M 的功能一样。

特殊继电器 SM 是 CPU 系统与用户程序之间相互交换信息的窗口。请记住几个触点型特殊继电器：SM0.0 在程序 RUN 状态时总是接通的；SM0.1 为开机脉冲，即只在 PLC 从 STOP 转到 RUN 状态时的第一个扫描周期导通；SM0.5 为秒脉冲，即接通 0.5 s，断开 0.5 s，循环往复，更多特殊继电器 SM 的信息请查看 PLC 工作手册或帮助文档。

3. 做一做，练一练

请设计一个电动机自动循环往复控制 PLC 程序。继电器控制的自动往返控制仿真电路请参见电工技术实训课程网站 http://etc.hunanup.com。

提示：自动循环往复电路的控制特点为：当按下正转启动按钮时，电动机正向运转，并带动工作台正向移动；当工作台正向移动至终点时，碰撞压下正向限位行程开关，迫使电动机反向运转，并带动工作台反向后退移动；当反向移动至终点时，碰撞压下反向限位行程开关，电动机又正向运转。当按下反转启动按钮时，电动机运转过程如何？请你思考。

5.3 三相异步电动机顺序控制

工业控制系统常常由多台电动机共同协作才能完成一项工作任务，但各台电动机的工作时序往往是不一样的，一台电动机的启动常常是另外一台电动机启动的条件。例如：通用机床一般要求主轴电动机启动后才允许进给电动机启动，而带有液压系统的机床一般需要先启动液压泵电动机后，才能启动其他的工作电动机。总之，对多台电动机进行控制时，各电动机的启动或停止是有顺序的，这种控制方式称之为顺序启停控制。

5.3.1 项目引入

（1）三相异步电动机顺序控制的特点是：按预先约定的顺序启动或按预先约定的顺序停止。即启动是有顺序的，停止也是有顺序的。该电路属于顺序启动、逆序停止，即当第一台电动机启动 5 s 后，第二台电动机才允许启动；当第二台电动机停止后，第一台电动机才能停止，如图 5-14 所示。

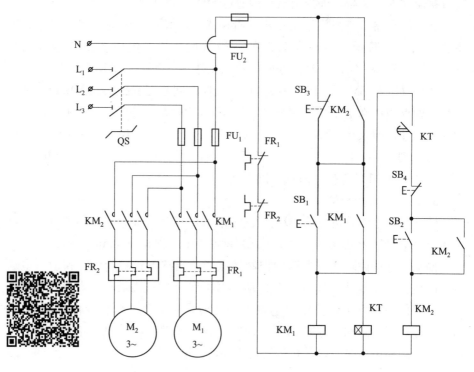

图 5-14 三相异步电动机顺序控制

（2）继电器控制流程：请仔细分析其工作原理，参考视频讲解，画出该顺序控制电路的控制流程图。

（3）继电器控制电路交互仿真。请参见电工技术实训课程网站http：//etc. hunanup. com 中顺序控制与延时控制的相关内容。

■ 5.3.2 项目实施

在熟悉掌握简单电路的经验设计方法的基础上利用"启-保-停"电路的控制逻辑进行梯形图程序设计，然后再初步理解与掌握步进顺序控制编程的方法，理解步的状态 SCR、SCRT、SCRE 的指令格式含义。

（1）列出 PLC 控制系统 I/O 地址分配表（表 5-3）。

表 5-3 PLC 控制系统 I/O 地址分配表

输入信号			输出信号		
名称	代号	编号	名称	代号	编号
启动按钮	SB_1	I0.0	接触器	KM_1	Q0.0
启动按钮	SB_2	I0.1	接触器	KM_2	Q0.1
停止按钮	SB_3	I0.2			
停止按钮	SB_4	I0.3			
热继电器	FR_1	I0.4			
热继电器	FR_2	I0.5			

（2）确定 PLC 的 I/O 接口控制接线图，如图 5-15 所示。

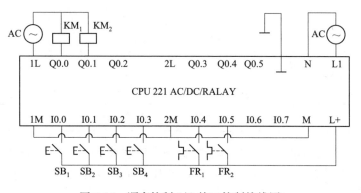

图 5-15 顺序控制 I/O 接口控制接线图

（3）根据控制要求，利用经验法，设计 PLC 控制程序梯形图，如图 5-16所示。请分析其控制过程，并画出控制流程图。

（4）编译、调试程序，下载、监控并运行程序控制系统。汇总整理、保存工程文档资料。

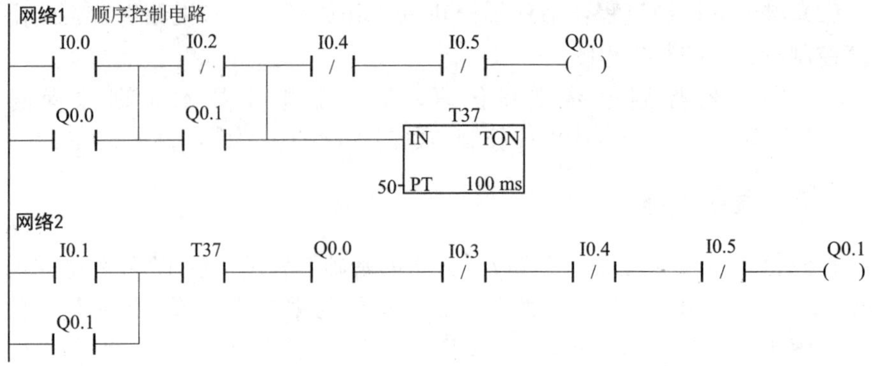

网络1　顺序控制电路

图 5-16　顺序控制梯形图（经验法）

5.3.3　技能拓展

1. 设计多台电动机顺序启动、逆序停止的 PLC 控制

（1）控制要求。按下启动按钮，三台电动机按顺序依次启动，按下停止按钮，第三台电动机停止运行，延时 5 s 后第二台电动机停止运行，再延时 10 s 后第一台电动机停止运行。

（2）硬件电路设计。根据控制要求确定 PLC 输入/输出点数，其具体功能分配见表 5-4。再根据控制要求及功能分配表，设计出 PLC 硬件原理接线图，如图 5-17 所示。

表 5-4　多台电动机顺序启动、逆序停止 I/O 分配表

输入信号			输出信号		
名称	代号	编号	名称	代号	编号
启动按钮	SB_1	I0.0	控制 M_1 接触器	KM_1	Q0.0
停止按钮	SB_2	I0.1	控制 M_2 接触器	KM_2	Q0.1
热继电器	FR	I0.2	控制 M_3 接触器	KM_3	Q0.2

这里将三台电动机的热继电器常闭触点串联共用一个 PLC 输入点，这是一种节省 PLC 的 I/O 口点数的方法，当其中任一台电动机发生过载故障时，将立即停止所有的电动机运行。

（3）梯形图设计。根据控制要求，为使多台电动机逆序停止，可将定时停止的常闭接点，按逆序方向"与"逻辑串联在顺序启动程序中进行控制。对于此类电动机顺序控制启停程序，都可采用时间控制的原则，通过定时器按要求控制相应的电动机启动和停止即可。如图 5-18 所示。

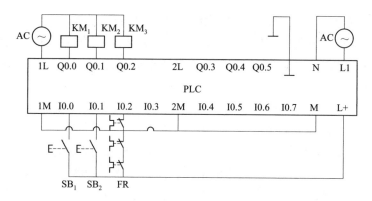

图 5-17　PLC 接线图

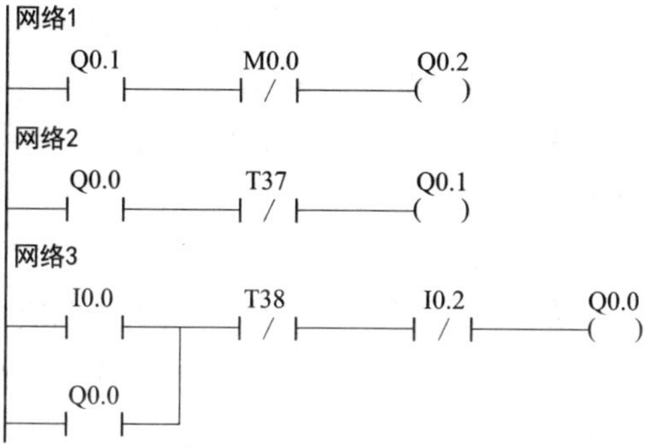

图 5-18　PLC 控制梯形图

（4）程序控制过程分析。按下 SB_1，I0.0 有效为 ON，输出信号 Q0.0 为 ON 并自锁，控制接触器 KM_1 得电，使电动机 M_1 启动；在下一个扫描周期，输出信号 Q0.0 的常开接点控制输出信号 Q0.1 为 ON，控制接触器 KM_2 得电，使 M_2 启动；再过一个扫描周期，输出信号 Q0.1 的常开接点控制输出信号 Q0.2 为 ON，控制接触器 KM_3 得电，使 M_3 启动，从而实现三台电动机顺序启动。

按下停止按钮 SB_2，输入信号 I0.1 有效为 ON，辅助继电器 M0.0 为 ON 并自锁，控制信号 Q0.2 断开，接触器 KM_3 失电，M_3 停止运行；同时定时器 T37 开始计时，5 s 后 T37 对应的常闭触点使 Q0.1 断开，使 KM_2 失电，M_2 停止运行；同时 T38 开始计时，10 s 后 T38 对应常闭触点使输出 Q0.0 断开，KM_1 失电，M_1 停止运行，从而实现了三台电动机逆序延时停止。

当发生机械故障或出现过载情况时，一般需要紧急停车，应该让三台电动机同时停止运行。如果需要增加一个急停按钮，应该如何配置，其控制过程请自行分析。

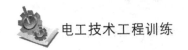

2. 用经验法设计三相异步电动机的循环正反转控制梯形图

控制要求：电动机正转 3 s，暂停 2 s，反转 3 s，暂停 2 s，如此循环 5 个周期后自动停止。运行过程中，可按停止按钮停止，热继电器动作也可停止。

编程思路提示：这是一个洗衣机工作过程模拟程序的设计，可以用 5 个通电延时定时器 A、B、C、D、E 完成控制要求。

A、B、C、D 四个定时器采用分段计时法，E 采用累积计时法。

当按下启动按钮，电动机开始正转，同时接通定时器 A，3 s 时间到，A 断开正转接触器，同时接通定时器 B，B 延时 2 s，接通反转接触器，同时接通定时器 C，C 延时 3 s，断开反转接触器，同时接通定时器 D，D 延时 2 s 断开时间继电器 A。此时线路一个周期工作完毕，开始自动进入下一个周期循环，当自动循环到五个周期后，定时器 E 断开。定时器 E 的设置时间为累积时间 50 s，也可将定时器 E 更换成加计数器 C_1。你可用经验法进行程序设计，也可用步进阶梯编程法设计。

3. 知识链接

（1）顺序控制设计法又称步进控制设计法或步进阶梯编程法。这是一种较为先进的设计方法。在许多工业机械控制的动作中，各个动作是按时间的先后次序遵循一定的顺序规律运动。例如，为适应控制功能要求，需要有手动控制功能、自动控制功能及原点回归功能；而自动控制功能中又需要点动控制、半自动控制及全自动控制。要实现这些控制功能要求如果使用普通经验设计法，程序就显得复杂，增加编程及调试的难度。如果采用步进阶梯指令编程会变得简便、快捷，使用状态软元件 S 配合步进阶梯指令可方便地完成步进系统的控制。

顺序控制步进阶梯设计法的本质就是试图以输入信号直接控制输出信号。若无法直接控制或为了解决记忆、联锁、互锁等功能，可主动增加一些辅助元件和辅助触点。

"步状态"的理解：SCR 指令标志着一个"S"步状态的开始，该步状态内所有的逻辑操作的执行与否取决于 S 堆栈的值，若该段 S 堆栈的值为 1，即该步状态内所有的逻辑操作都会执行，若该段 S 堆栈的值为 0，即该步状态内所有的逻辑操作都不会执行。

SCRT 转移指令是从现有 SCR 段向另一个 SCR 段转移的指令。当执行 SCRT 转移指令时，会复位当前所使用段的 S 位，并置位指向转移段的 S 位。

SCRE 段指令提供了结束现有 SCR 段的格式。在步进阶梯指令中，SCR

和 SCRE 是成对出现使用的，而在需要转移时才使用 SCRT 指令。

（2）定时器 TON 又称延时接通定时器，其定时规律是当能流接通驱动线圈时开始计时，当时间到达预设值时其触点动作（常开触点闭合、常闭触点断开），若驱动线圈一直保持能流接通状态，定时器继续计时，直到其最大值32 767 时停止计时；当驱动能流信号断开或者有复位指令 RST 时，其经过值及触点会同时复位。

重点掌握记忆 TON 在 100 ms 定时精度范围内的定时器编号。定时器分类见表 5-5。

表 5-5　定时器分类表

定时器类型	1 ms	10 ms	100 ms
TON 延时接通	T32、T96	T33～T36，T97～T100	T37～T63，T101～T255
TOFF 延时断开	T32、T96	T33～T36，T97～T100	T37～T63，T101～T255
TONR 保持型延通	T0、T64	T1～T4，T65～T68	T5～T31，T69～T95

（3）计数器分为只加计数器 CTU（count Up）、只减计数器 CTD（count down）和加减计数器 CTUD。S7-200 有 C0～C255 共 256 个计数器，其默认状态都是停电保持型。以只增计数器 CTU 为例说明，在计数过程中，当经过值等于或大于预设值时，其对应的触点动作（常开触点闭合、常闭触点断开），此时若继续有脉冲输入，计数器继续计数，一直到达最大值 32 767 时停止计数。当使能端 R 或使用 RST 指令可致其复位，计数器位变为 OFF，当前值清零。

5.4　能手动和自动往返的控制电路

小车自动往返控制系统在现实生活中具有重要的实际意义，可作为一个典型案例进行模块分析。现代生产企业为提升生产车间物流自动化水平，实现生产环节间的物料运输自动化，均广泛使用无人小车。无人小车在车间工作台及生产线之间自动往返装卸物料；而许多物流公司在自动化仓库管理上所使用的物料控制系统，包括电梯的垂直升降控制和水平方向的往返控制，也属于同一类控制方法。

▌5.4.1　项目引入

如图 5-19 所示，运料小车在左端时，由行程开关 SQ₁ 限位进行装料；在右端时，由行程开关 SQ_2 进行限位，进行卸料。其控制要求为：按下左行按钮，运料小车启动向左运行，到左端停下装料，30 s 后装料完毕，开始启动右行，到右端停下卸料，15 s 后卸料结束。然后，又开始左行，自动循环往复，直到按下停止按钮，小车才会停止工作。SQ_3、SQ_4 为限位保护行程开关。运料小车控制原理图如图 5-20 所示。

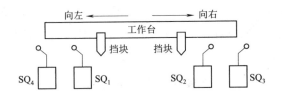

图 5-19　运料小车运动控制示意图

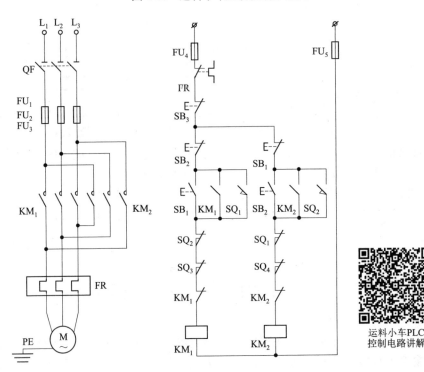

图 5-20　运料小车控制原理图

▌5.4.2　项目实施

通过小车往返控制的动作过程，可画出其控制状态图，如图 5-21 所示。小车共分为 5 种状态：停止待命状态、左行状态、装料状态、右行状态、卸料状态。每个状态之间都存在着相互关系。

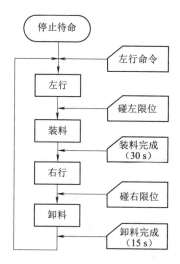

图 5-21　运料小车控制状态图

1. 列出 PLC 控制系统 I/O 地址分配表（表 5.6）

表 5-6　PLC 控制系统 I/O 地址分配表

输入信号			输出信号		
名称	代号	编号	名称	代号	编号
左行按钮	SB_1	I0.0	左行接触器	KM_1	Q0.0
右行按钮	SB_2	I0.1	右行接触器	KM_2	Q0.1
停止按钮	SB_3	I0.2			
左限位	SQ_1	I0.3			
右限位	SQ_2	I0.4			

2. 确定 PLC 的 I/O 接口控制接线图

当输入/输出点数较多时，可考虑将热继电器的常闭触点（热继电器中 95-96 两接线桩）串联在输出端连接接触器的电源回路中，以节省 I/O 端子，如图 5-22 所示。

3. 利用经验法的"启-保-停"进行功能图及梯形图设计

将顺序功能图转换成梯形图有多种方法，分别为使用通用逻辑指令的设计方法、使用置位、复位指令的设计方法和使用 SCR 指令的设计方法。在使用通用逻辑指令的经验设计方法时，不必为节省一些 PLC 内部的编程元件而绞尽脑汁，因为存储器位 M 完全够用，多用一些 PLC 内部的软元件既不会增加硬件费用，也不会在设计和输入程序时花费多少时间，利用存储器位来代表阶步，具有概念清晰、编程规范、梯形图易于阅读及查错等优点。

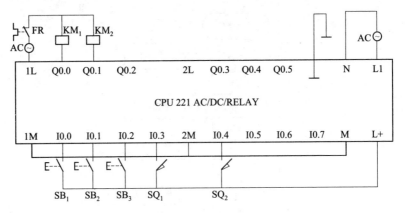

图 5-22　小车往返控制 PLC 外部接线图

还记得 SM0.1 的功能吗？因为 PLC 开始运行时应将 M0.0 置位为 1，否则系统将无法启动工作，在此利用 SM0.1 只在第一个扫描周期接通的特点来启动电路，且并联 M0.0 自保触点，再串联后续步 M0.1 的常闭触点，从而当"网络 2"成为活动步时，将该初始步"网络 1"变为不活动步。总之，任一时刻只允许有一个活动步，如图 5-23、图 5-24 所示。

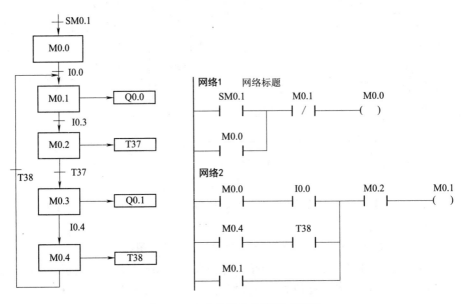

图 5-23　小车往返控制顺序功能图

4. 利用 SCR 指令的顺序控制设计法设计功能图及梯形图

S7-200（SMART）中的状态继电器 S 专用于编制顺序控制程序，梯形图中的 SCR 和 SCRE 指令表示 SCR 段的开始和结束，一个 SCR 段对应于顺序功能图中的一步。SCRT（sequence control relay transition）用于表示 SCR 段之间的转换，即步的活动状态的转换。当 SCRT 线圈"得电"时，SCRT 所指定的后续步对应的顺序控制继电器转变为 1 状态，同时当前活动步所对应的顺序控制继电器被系统程序复位为 0 状态，即当前步转变为不活动步。

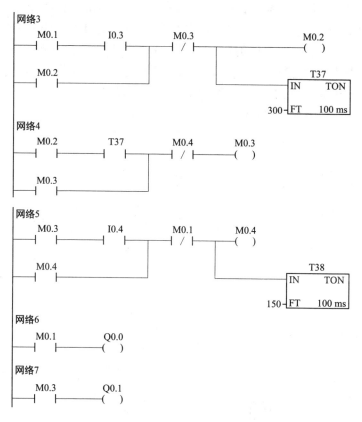

图 5-24　小车往返控制梯形图程序

当用编程软件中的"程序状态"功能来监视处于运行模式的梯形图时，可看到因 SCR 直接接在左侧电源母线上，所以每一个 SCR 方框都呈蓝色，但只有活动步对应的 SCRE 线圈通电，且只有活动步对应的 SCR 区内的 SM0.0 的常开触点闭合，非活动步区内的 SM0.0 的常开触点处于断开状态，如图 5-25 所示。

其工作过程如下：

首次扫描时 SM0.1 的常开接点接通一个扫描周期，使顺序控制继电器 S0.0 置位为 1，初始步变为活动步，只执行 S0.0 对应的 SCR 段，在原位等待启动命令。此时若按下左行启动按钮 I0.0，转移指令"SCRT S0.1"对应的线圈得电，使状态继电器 S0.1 置位为 1 状态，同时操作系统使 S0.0 变为 0

状态，系统从初始步转换到左行步，左行步变为活动步，只执行 S0.1 所对应的 SCR 段，SM0.0 常开触点闭合，Q0.0 线圈得电，小车左行；当小车行进至左极限位时，压动左限位行程开关 SQ₁，I0.3 为 ON，使转移指令"SCRT S0.2"对应的线圈得电，使 S0.2 置位为 1 状态，同时操作系统使 S0.1 变为 0 状态，系统从左行步转换至暂停步，暂停步变为活动步，只执行 S0.2 所对应的 SCR 段，SM0.0 常开触点闭合，定时器 T37 开始计时，定时器 T37 用于使暂停步持续 30 s，当延时时间到达设定值时，T37 的常开触点接通，使系统由暂停步转移到右行步……后续步骤不再赘述，还请你按上述思路自行完成。步进阶梯指令方法是一种系统编程方法，就像玩接龙游戏一样，简便、快捷，初学者很容易掌握，便于调试及检查纠错。

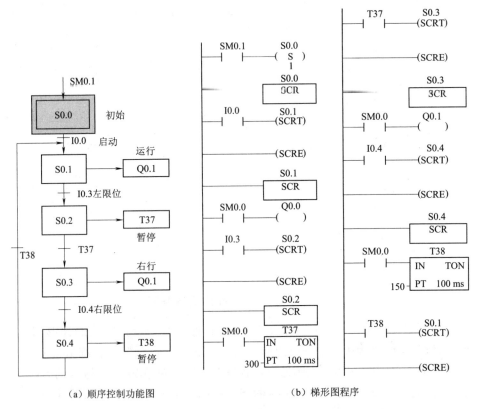

（a）顺序控制功能图   （b）梯形图程序

图 5-25   用 SCR 指令的顺序控制设计法设计小车往返控制

■ 5.4.3   技能拓展：手动/自动切换程序控制

在许多工业生产控制场合，不仅仅需要有自动控制功能，还需要有手动控制功能。若控制开关处于自动挡时，PLC 自动执行自动控制程序而不执行手动控制程序；若控制开关处于手动挡时，PLC 自动执行手动控制程序而不会执行自动控制程序。该功能可用步进指令控制来实现，步进指令控制流程有四种类型：单流程控制、条件分支流程控制、并行分支流程控制和循环控制流程控制，手动/自动切换程序控制属于条件分支流程控制，其控制的程序语句如下。

LD	I0. 0	//启动自动挡
AN	I0. 1	//未启动手动挡
SCRT	S0. 1	//转换至手动状态
LD	I0. 1	//启动手动挡
AN	I0. 0	//未启动自动挡
SCRT	S0. 2	//转换至自动状态
LSCR	S0. 1	//自动运行程序
……		
SCRE		//停止自动挡活动步
LSCR	S0. 2	//手动运行程序
……		
SCRE		//停止手动挡活动步

PLC 控制系统在继电器控制基础上，可以方便地实现更为复杂的运动控制要求，为体现 PLC 控制系统的特点，对上述小车往返控制拓展为以下功能要求：

（1）工作台前进、后退均可实现点动。

（2）可实现自动往复运动，并可拓展实现以下功能：

①单循环运行，即工作台前进和后退一次后停止在原位。

②工作台可 n 次循环计数运行，即工作台前进、后退一次为一个循环，循环 n 次后停止在原位。

③能无限次循环，直到按下停止按钮。

提示：此处仅给出控制电路的输入/输出点分配表及 PLC 程序语句表（表 5-7），请转换为梯形图并分析之，且尝试以步进阶梯编程法进行设计比较。

表 5-7　控制电路的输入/输出点分配表及 PLC 程序语句表

输入信号			输出信号		
名称	代号	编号	名称	代号	编号
点动/自动选择开关	SA_1	I0. 0	正转接触器	KM_1	Q0. 0
单/连续循环选择开关	SA_2	I0. 1	反转接触器	KM_2	Q0. 1

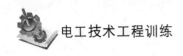

续表

输入信号			输出信号		
名称	代号	编号	名称	代号	编号
正转启动按钮	SB_1	I0.2			
反转启动按钮	SB_2	I0.3			
停止按钮	SB_3	I0.4			
右端行程开关	SQ_1	I0.5			
左端行程开关	SQ_2	I0.6			
右保护行程开关	SQ_3	I0.7			
左保护行程开关	SQ_4	I1.0			

LDN	I0.0		A	Q0.1
A	Q0.0		O	I0.5
LDN	I0.1		O	I0.3
A	I0.6		AN	I0.4
OLD			AN	Q0.0
O	I0.2		AN	I0.6
AN	I0.4		AN	I0.7
AN	Q0.1		AN	I1.0
AN	I0.5		=	Q0.1
AN	I0.7		LDN	I0.1
AN	I1.0		A	I0.6
AN	C0		LD	I0.2
=	Q0.0		CTU	C0，+3
LDN	I0.0			

5.5 CA6140 普通车床控制

CA6140 普通车床结构如图 5-26 所示，主要由床身、主轴箱、进给箱、溜板箱、刀架、丝杠、光杠、尾架等部分组成。

车床的运动形式有切削运动和辅助运动；切削运动包括工件的旋转运动（主运动）和刀具的直线运动（进给运动），除此之外的其他运动皆为辅助运动。

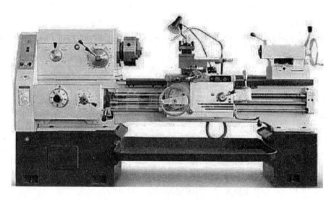

图 5-26 CA6140 普通车床结构

1. 主运动

主运动是指主轴通过卡盘带动工件的旋转，主轴的旋转轴是由主轴电动机经传动机构拖动，根据工件的材料性质、车刀材料及几何形状、工件直径、加工方式及冷却条件的不同，要求主轴有不同的旋转速度，另外，为了加工螺纹，还要求主轴能够正反转。

主轴的变速是由主轴电动机经 V 形传送带传递到主轴变速箱实现的，CA6140 普通车床的主轴正转速度有 24 种（10～1 400r/min），反转速度有 12 种（14～1 580r/min）。

2. 进给运动

车床的进给运动是刀架带动刀具纵向或横向直线运动，溜板箱将丝杠或光杠的运转传递给刀架部分，变换溜板箱外的手柄位置，经刀架部分使车刀做纵向或横向进给。刀架的进给运动也是由主轴电动机拖动的，其运动方式有手动和自动两种。

3. 辅助运动

辅助运动包括刀架的快速移动、尾座的移动以及工件的夹紧与放松等。

图 5-27 为 CA6140 型普通车床电气控制原理图。

电力拖动的特点及控制要求如下：

（1）主轴电动机一般选用三相笼型异步电动机。为满足螺纹加工的要求，主运动和进给运动采用同一台电动机拖动，为满足调速要求，只采用机械调速，不进行电气调速。

（2）主轴要能够正反转，以满足螺纹加工的要求。

（3）主轴电动机的启动、停止采用按钮操作。

（4）溜板箱的快速移动，应由单独的快速移动电动机来拖动并采用点动控制。

（5）为防止切削过程中刀具和工件温度过高，需要使用切削液进行冷却，

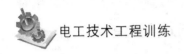

因此需配置冷却泵。

（6）控制电路必须有过载、短路、欠压、失压等保护。

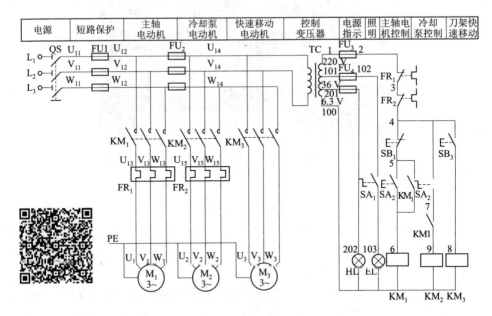

图 5-27　CA6140 型普通车床电气控制原理图

继电控制系统分析如下：

（1）主轴电动机控制。主电路中的 M_1 为主轴电动机，按下启动按钮 SB_2，KM_1 得电吸合，辅助触点 KM_1 闭合自锁，KM_1 主触头闭合，主轴电动机 M_1 启动，同时辅助触点 KM_1 闭合，为冷却泵启动做好准备。

（2）冷却泵控制。主电路中的 M_2 为冷却泵电动机。

在主轴电动机启动后，KM_1 闭合，将开关 SA_2 闭合，KM_2 吸合，冷却泵电动机启动，将 SA_2 断开，冷却泵停止，将主轴电动机停止，冷却泵也自动停止。

（3）刀架快速移动控制。刀架快速移动电动机 M_3 采用点动控制，按下 SB_3，KM_3 吸合，其主触头闭合，快速移动电动机 M_3 启动，松开 SB_3，KM_3 释放，电动机 M_3 停止运转。

（4）照明和信号灯电路。接通电源，控制变压器输出电压，指示灯 HL 点亮，作为电源指示。EL 为照明灯，将开关 SA_1 闭合，EL 灯亮，将 SA_1 断开，照明灯 EL 熄灭。

▌5.5.1　项目引入

1.CA6140 型普通车床 PLC 控制系统的设计

对于 CA6140 型普通车床的主拖动回路来说，应保留原功能。而对于电源指示电路和照明电路，其电路结构简单，可直接由外部电路控制，这样不但能节省 PLC 的输入/输出点数，还可以降低故障率，故也将电源指示电路和照明电路给予保留，改造后控制系统的电动机和照明电路如图 5-28 所示。

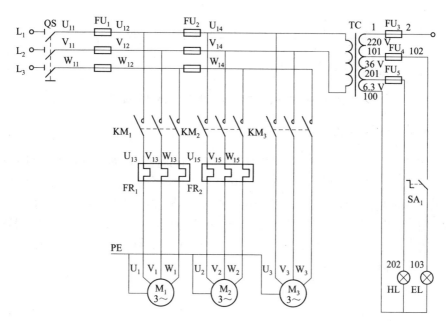

图 5-28　CA6140 型普通车床控制系统改造

2. PLC 硬件电路设计

根据分析，列出 CA6140 型普通车床电气控制系统的 PLC 输入/输出点，见表 5-8。在确定 I/O 点时，考虑到维修方便，增加了电动机过载保护的显示报警指示灯。PLC 硬件原理图如图 5-29 所示。

表 5-8　CA6140 型普通车床电气控制系统的 PLC 输入/输出点

输入信号			输出信号		
名称	代号	编号	名称	代号	编号
M_1 停止按钮	SB_1	I0.0	主轴接触器	KM_1	Q0.0
M_1 启动按钮	SB_2	I0.1	冷却泵接触器	KM_2	Q0.1
M_3 点动按钮	SB_3	I0.2	快速进给接触器	KM_3	Q0.2
M_2 工作开关	SA_2	I0.3	M_1 过载指示灯	HL_1	Q0.3
M_1 过载保护	FR_1	I0.4	M_2 过载指示灯	HL_2	Q0.4
M_2 过载保护	FR_2	I0.5			

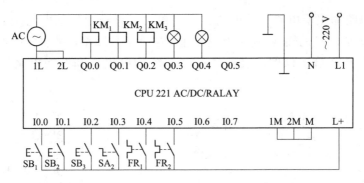

图 5-29　CA6140 型普通车床 PLC 硬件原理图

■ 5.5.2　项目实施

在仔细阅读与分析 CA6140 型普通车床继电器控制电路工作组原理的基础上，确定输入信号与输出信号之间的逻辑关系及各个电动机的控制条件。对于机床设备的改造来说，因原有的继电器控制电路已经过实践的证明是正确的，应根据原有电气控制电路进行程序设计，在保持原有功能的基础上对继电器控制电路不合理的内容加以完善，并增加保护环节，提高机床工作的可靠性。

根据控制要求，设计梯形图，如图 5-30 所示。

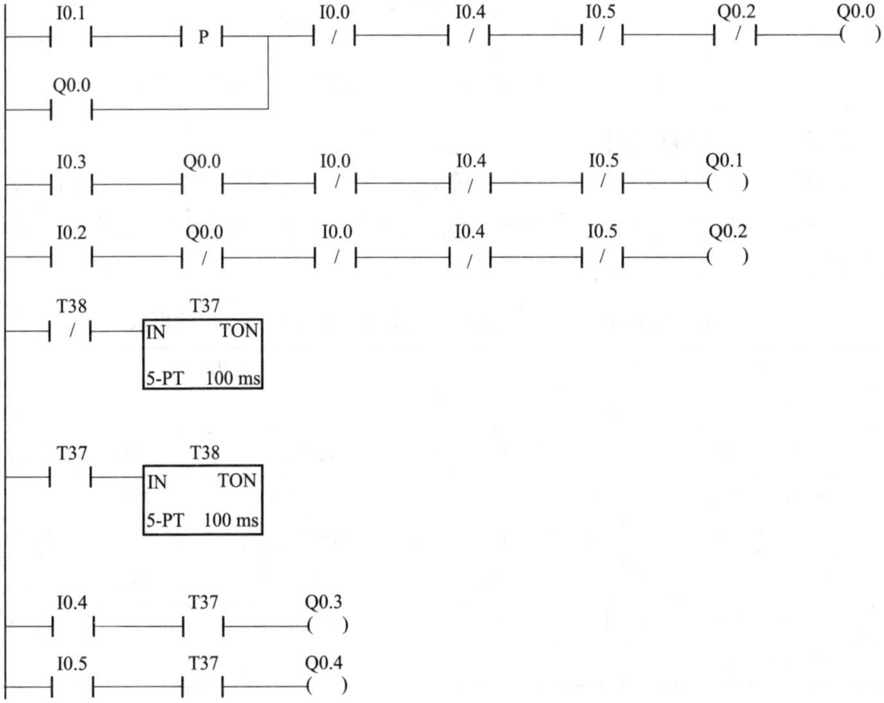

图 5-30　CA6140 型普通车床 PLC 控制梯形图

1. 主轴电动机控制

按下主轴启动按钮 SB$_2$，输入信号 I0.1 有效为 ON，使输出信号 Q0.0 为 ON，控制接触器 KM$_1$ 得电，主轴电动机 M$_1$ 启动运行。需要停止时按下主轴电动机停止按钮 SB$_1$，使输出信号 Q0.0 复位，使接触器 KM$_1$ 断电，主轴电动机 M$_1$ 停止运行。根据工艺要求，当冷却泵过载时也不允许再进行加工，即冷却泵过载时，输入信号 I0.5 有效，也能使输出信号 Q0.0 复位，接触器 KM$_1$ 断电，控制主轴电动机 M$_1$ 停止运行。

2. 冷却泵控制

当主轴电动机运行后，若此时需要冷却，可将冷却泵开关接通，输入信号 I0.3 有效，使输出信号 Q0.1 为 ON，控制接触器 KM$_2$ 得电，冷却泵电动机 M$_2$ 开始通电运行。需要停止时断开冷却泵开关，使输出信号 Q0.1 复位，接触器 KM$_2$ 断电，冷却泵电动机 M$_2$ 停止运行。根据工艺要求，当冷却泵过载时不允许再进行加工，即冷却泵过载时，输入信号 I0.5 有效，也能使输出信号 Q0.1 复位，使接触器 KM$_2$ 断电，控制冷却泵电动机 M$_2$ 停止运行。

3. 快速移动电动机控制

按下刀架快速移动按钮 SB$_3$，输入信号 I0.2 有效，使输出信号 Q0.2 为 ON，控制接触器 KM$_3$ 通电，快速移动电动机 M$_3$ 启动运行；松开 SB$_3$，输入信号 I0.2 断开，使输出信号 Q0.2 复位，使接触器 KM$_3$ 断电，快速移动电动机 M$_3$ 停止运行。

4. 过载保护

当主轴电动机或冷却泵电动机有一台出现过载时，输入信号 I0.4 或 I0.5 断开，其相应的接点动作使输出 Q0.0 和 Q0.1 断开，电动机停止运行，达到过载保护的目的；同时其相应的常闭接点复位使输出 Q0.4 和 Q0.5 接通，故障指示灯闪烁，提醒维修人员设备出现故障。

5. 其他辅助控制

(1) 联锁保护。当主轴工作时，控制主轴输出的信号 Q0.0 的常闭接点将快速进给输出信号 Q0.2 断开，防止误操作而发生危险。

(2) 启动总电源，电源指示灯 HL 亮。

(3) 将照明开关 SA$_1$ 旋到"开"的位置，照明指示灯 EL 点亮，将 SA1 旋到"关"的位置，照明指示灯 EL 熄灭。

▌5.5.3　技能拓展

对于 CA6140 型普通车床的改造来说，在保持原有功能的基础上，并对继电器控制电路不合理的内容加以完善。在本实例中考虑实际问题增加了主轴电动机与刀架快速移动电动机的联锁保护，二者拖动两个独立的运动部件，

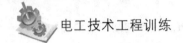

且操作相互独立，以免造成危险。另外，考虑工程实际问题，应将停止信号和热继电器过载保护的常开接点，对应地改为常闭接点，其优点是当 SB_1、FR_1 和 FR_2 出现问题（如触点接触不良）时，则设备将无法正常启动；当设备启动后如出现紧急情况，也不会因触点接触不良，而导致设备不能及时停止，避免造成更严重的后果。

5.6 Z3040B 型摇臂钻床控制

Z3040B 摇臂钻床的外形如图 5-31 所示，它主要由底座、内立柱、外立柱、摇臂、主轴箱、工作台等组成。内立柱固定在底座上，在它外面套着空心的外立柱，外立柱可绕着内立柱回转一周，摇臂一端的套筒部分与外立柱滑动配合，借助于丝杠，摇臂可沿着外立柱上下移动，但两者不能作相对移动，所以摇臂将与外立柱一起相对内立柱回转。主轴箱是一个复合的部件，它具有主轴及主轴旋转部件和主轴进给的全部变速和操纵机构。主轴箱可沿着摇臂上的水平导轨作径向移动。当进行加工时，可利用特殊的夹紧机构将外立柱紧固在内立柱上，摇臂紧固在外立柱上，主轴箱紧固在摇臂导轨上，然后进行钻削加工。

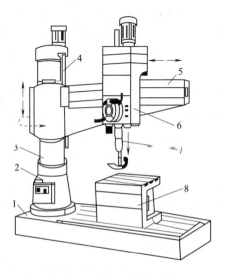

图 5-31 Z3040B 摇臂钻床的外形
1—底座；2—内立柱；3—外立柱；
4—摇臂升降丝杠；5—摇臂；6—主轴箱；
7—主轴；8—工作台

主运动：主轴的旋转。进给运动：主轴的轴向进给。摇臂钻床除主运动与进给运动外，还有外立柱、摇臂和主轴箱的辅助运动，它们都有夹紧装置和固定位置。摇臂的升降及夹紧放松由一台齿轮泵来供给夹紧装置所用的压力油来实现，同时通过电气联锁来实现主轴箱的夹紧与放松。

摇臂钻床的主轴运动和摇臂升降不允许同时进行，以保证安全生产。

电力拖动特点及控制要求有以下几点：

（1）由于摇臂钻床的运动部件较多，为简化传动装置，使用多电机拖动，主电动机承担主钻削及进给任务，摇臂升降及其夹紧放松、立柱夹紧放松和冷却泵各用一台电动机拖动。

（2）为了适应多种加工方式的要求，主轴及进给应在较大范围内调速。

但这些调速都是机械调速，用手柄操作变速箱调速，对电动机无任何调速要求。从结构上看，主轴变速机构与进给变速机构应该放在一个变速箱内，而且两种运动由一台电机拖动是合理的。

（3）加工螺纹时要求主轴能正反转。摇臂钻床的正反转一般用机械方法实现，电动机只需单方向旋转。

Z3040B 型摇臂钻床继电控制系统分析：

图 5-32 所示为 Z3040B 型摇臂钻床电气控制原理图。

1. 主电路组成

电源由空气隔离开关 QS 引入，FU$_1$ 用作系统的短路保护，主轴电动机 M$_1$ 由接触器 KM$_1$ 控制，只要求单方向旋转，主轴的正反转由机械手柄操作，FR$_1$ 作过载保护；接触器 KM$_2$、KM$_3$ 的主轴点控制摇臂升降电动机 M$_2$ 正反转；接触器 KM$_4$、KM$_5$ 的主触点控制液压泵电动机 M$_3$ 正反转，FR$_2$ 作过载保护；冷却泵电动机 M$_4$ 的工作由组合开关 SA$_1$ 控制；熔断器 FU$_2$ 用作电动机 M$_2$、M$_3$ 主电路的过流和短路保护。

2. 控制电源的组成

考虑安全可靠和满足照明指示灯的要求，采用控制变压器 TC 降压供电，其一次侧为交流 380 V，二次侧为 127 V、36 V 和 6.3 V，其中 127 V 电压供给控制电路，36 V 电压控制局部照明电源，6.3 V 作为信号指示电源。

3. Z3040B 型摇臂钻床控制电路分析

1）主轴电动机 M$_1$ 的控制

按下启动按钮 SB$_2$，接触器 KM$_1$ 吸合并自锁，使主轴电动机 M$_1$ 启动运行，同时"主轴启动"指示灯 HL$_3$ 亮。按下停止按钮 SB$_1$，接触器 KM$_1$ 释放，使主轴电动机 M$_1$ 停止旋转，同时指示灯 HL$_3$ 熄灭。

2）摇臂升降控制

按下上升按钮 SB$_3$（或下降按钮 SB$_4$），液压泵电动机 M$_3$ 启动，正向旋转，供给压力油。压力油经分配阀体进入摇臂的"松开油腔"，推动活塞移动，活塞推动菱形块，将摇臂松开。同时活塞杆通过弹簧片压下位置开关 SQ$_2$，使其常闭触头断开，常开触头闭合。前者切断了接触器 KM$_4$ 的线圈电路，KM$_4$ 主触头断开，液压泵电动机 M$_3$ 停止工作。后者使交流接触器 KM$_2$（或 KM$_3$）的线圈通电，KM$_2$（或 KM$_3$）的主触头接通 M$_2$ 的电源，摇臂升降电动机 M$_2$ 启动旋转，带动摇臂上升（或下降）。如果此时摇臂尚未松开，则位置开关 SQ$_2$ 的常开触头则不能闭合，接触器 KM$_2$（或 KM$_3$）的线圈不能通电，摇臂就不能上升（或下降）。

当摇臂上升（或下降）到所需位置时，松开按钮 SB$_3$（或 SB$_4$），则接触器 KM$_2$（或 KM$_3$）断电释放，M$_2$ 停止工作，随之摇臂停止上升（或下降）。

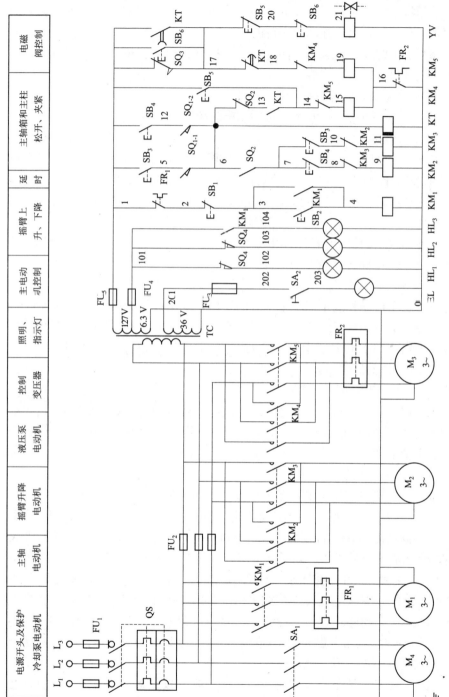

图 5-32 Z3040B 型摇臂钻床电气控制原理图

由于断电延时定时器释放，经 3 s 的延时后，其延时闭合的常闭触头闭合，使接触器 KM_5 吸合，液压泵电动机 M_3 反向旋转，随之泵内压力油经分配阀进入摇臂的"夹紧油腔"使摇臂夹紧。在摇臂夹紧后，活塞杆推动弹簧片压下位置开关 SQ_3，其常闭触头断开，KM_5 断电释放，M_3 最终停止工作，完成了摇臂的松开→上升（或下降）→夹紧的整套动作。

SQ_{1-1} 和 SQ_{1-2} 作为摇臂升降的超程限位保护。当摇臂上升到极限位置时，压下 SQ_{1-1} 使其断开，接触器 KM_2 断电释放，M_2 停止运行，摇臂停止上升；当摇臂下降到极限位置时，压下 SQ_{1-2} 使其断开，接触器 KM_3 断电释放，M_2 停止运行，摇臂停止下降。

摇臂升降电动机 M_2 的正反转接触器 KM_2 和 KM_3 不允许同时获电动作，以防止电源相间短路。在摇臂上升和下降的控制电路中采用了接触器联锁和复合按钮联锁，以确保电路安全工作。

3）主轴箱和立柱的夹紧与放松控制

立柱和主轴箱的放松（或夹紧）同时进行，由立柱和主轴箱的放松（或夹紧）按钮 SB_5（或 SB_6）进行控制。SB_5 是松开控制按钮，SB_6 是夹紧控制按钮。按下松开按钮 SB_5，接触器 KM_4 通电吸合，液压泵电动机 M_3 正转，此时电磁阀 YV 处于断电状态，压力油经二位六通阀，供出的压力油进入立柱和主轴箱的松开油腔，推动活塞和菱形块，使立柱和主轴箱同时松开。在放松的同时通过行程开关 SQ_4 控制指示灯发出信号，当主轴箱和立柱松开时，行程开关不受压，指示灯 HL_1 点亮，表示主轴箱和立柱已放松，可操作主轴箱和立柱移动；松开 SB_5，接触器 KM_4 断电释放，液压泵电动机 M_3 停转。立柱和主轴箱同时松开的操作结束。

立柱和主轴箱同时夹紧的工作原理与松开相似，只要按下 SB_6，使接触器 KM_5 获电吸合，液压泵电动机 M_3 反转即可。当主轴箱和立柱夹紧时，行程开关 SQ_4 受压，指示灯 HL_2 点亮，表示主轴箱和立柱已夹紧，可以进行钻削加工。

4）冷却泵电动机 M_4 的控制

合上或分断 SA_1，接通或切断冷却泵电源，操纵冷却泵电动机 M_4 的工作或停止。

根据分析 Z3040B 型摇臂钻床电路图，确定其控制要求如下。

（1）M_1 是主轴电动机，由交流接触器 KM_1 控制，只要求单方向旋转，主轴的正反转由机械手柄操作 M_1 装于主轴箱顶部，拖动主轴及进给传动系统

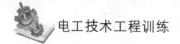

运转。热继电器 FR 作为电动机 M_1 的过载及断相保护，短路保护由漏电保护器 QS 中的电磁脱扣装置来完成。

（2）M_2 是摇臂升降电动机，装于立柱顶部，用接触器 KM_2 和 KM_3 控制其正反转。由于电动机 M_2 是间继性工作，所以不设过载保护。

（3）M_3 是液压泵电动机，用接触器 KM_4 和 KM_5 控制其正反转，液压泵电动机的主要作用是拖动油泵供给液压装置压力油，以实现摇臂、立柱以及主轴箱的松开和夹紧。

（4）KM_4 是冷却泵电动机，电动机 M_4 容量小，由开关 SA_1 控制，实现单方向旋转；由断路器 QS 实现短路保护。

（5）摇臂升降电动机 M_2 和液压油泵电动机 M_3 共用漏电保护器 QS 中的电磁脱扣器作为短路保护，电源配电盘在立柱前下部。冷却泵电动机 M_4 装于靠近立柱的底座上，升降电动机 M_2 装于立柱顶部，其余电气设备置于主轴箱或摇臂上。

4．局部照明及信号指示电路

局部照明设备用照明灯 HL、灯开关 SA_2 和照明回路熔断器 FU_3 来组合。信号指示电路由三路构成：一路为"主电动机工作"指示灯 HL_3（绿）在电源接通后，KM_1 线圈得电，其辅助常开触点闭合后绿灯立即亮，表示主电动机处于供电状态；一路为"松开"指示灯 HL_1（红），若行程开关 SQ_4 动断触点合上，红灯亮，表示摇臂放松；另一路为"夹紧"指示灯 HL_2（黄），若行程开关 SQ_4 动合触点闭合，黄灯亮，表示摇臂夹紧。

5.6.1 项目引入

"Z3040B"型摇臂钻床 PLC 控制系统的主电路的设计：对于"Z3040B"型摇臂钻床的主拖动回路来说，应保留原功能；而对于照明电路，其电路结构简单，可直接由外部电路控制，这样不但能节省 PLC 的输入、输出点数，还可以降低故障率，故将照明电路给予保留，改造后控制系统的电动机、照明电路如图 5-33 所示。

5.6.2 项目实施

1．PLC 控制 Z3040B 型摇臂钻床的硬件设计

分析 Z3040B 型摇臂钻床电气控制系统列出 PLC 的输入/输出分配表，见表 5-9。确定 I/O 点数，考虑到维修的方便，增加电动机过载保护的显示指示灯。

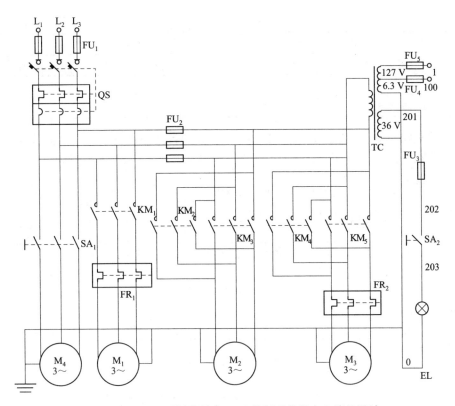

图 5-33　Z3040B 型摇臂钻床 PLC 控制系统的主电路的设计

表 5-9　Z3040B 型摇臂钻床 PLC 硬件控制系统 I/O 分配表

输入信号			输出信号		
名称	代号	编号	名称	代号	编号
M_1 启动按钮	SB_1	I0.0	主轴箱立柱电磁阀	YV	Q0.0
M_1 停止按钮	SB_2	I0.1	电动机 M_1 接触器	KM_1	Q0.1
摇臂上升按钮	SB_3	I0.2	摇臂上升接触器	KM_2	Q0.2
摇臂下降按钮	SB_4	I0.3	摇臂下降接触器	KM_3	Q0.3
主轴箱立柱放松按钮	SB_5	I0.4	主轴箱立柱放松	KM_4	Q0.4
主轴箱立柱夹紧按钮	SB_6	I0.5	主轴箱立柱夹紧	KM_5	Q0.5
摇臂上升限位行程开关	SQ_{1-1}	I0.6	主轴箱与立柱夹紧	HL_1	Q0.6
摇臂下降限位行程开关	SQ_{1-2}	I0.7	主轴箱与立柱松开	HL_2	Q0.7
摇臂自动松开行程开关	SQ_2	I1.0	主轴运行指示	HL_3	Q1.0
摇臂自动夹紧行程开关	SQ_3	I1.1	主轴电机过载指示	HL_4	Q1.1
主轴箱与立柱箱夹紧松开行程开关	SQ_4	I1.2	液压泵电机过载	HL_5	Q1.2

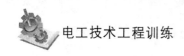
输入信号			输出信号		
名称	代号	编号	名称	代号	编号
主轴电动机过载保护	FR₁	I1.3			
电动机过载保护	FR₂	I1.4			

根据 Z3040B 型摇臂钻床 PLC 的 I/O 分配表及控制要求，设计的 PLC 硬件原理图如图 5-34 所示。

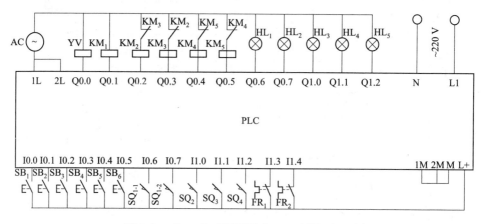

图 5-34　Z3040B 型摇臂钻床 PLC 硬件原理图

在仔细阅读与分析 Z3040B 型摇臂钻床的继电器控制电路工作组原理的基础上，确定输入信号与输出信号之间的逻辑关系及各个电动机控制条件。对于 Z3040B 型摇臂钻床的改造来说，应重点考虑摇臂的升降控制，必须明确无论是上升还是下降，控制摇臂必须先放松再夹紧，夹紧到位后方可进行摇臂的升降控制。同时应对继电器控制电路不合理的内容加以完善，增加保护环节，提高机床工作的可靠性。

2. 控制程序的设计

根据控制要求及 I/O 表设计的控制梯形图，如图 5-35 所示。

3. 程序的执行过程

1) 主轴电动机控制

当主轴电动机需要启动时，按下按钮 SB₁，输入信号 I0.0 接通为 ON，使输出信号 Q0.1 为 ON，控制接触器 KM₁ 得电，主轴电动机启动运行。需要停止时按下主轴电动机停止按钮 SB₂，输入信号 I0.1 有效为 ON，使输出信号 Q0.1 复位，接触器 KM₁ 断电，主轴电动机 M₁ 停止运行。主轴电动机和液压泵过载时，输入信号 I1.3 和 I1.4 断开，也能使输出信号 Q0.1 复位，接触器 KM₁ 断电，控制主轴电动机停止运行。控制输出信号 Q1.0 为 ON，点亮指示灯 HL$_3$，指示主轴电动机运行。

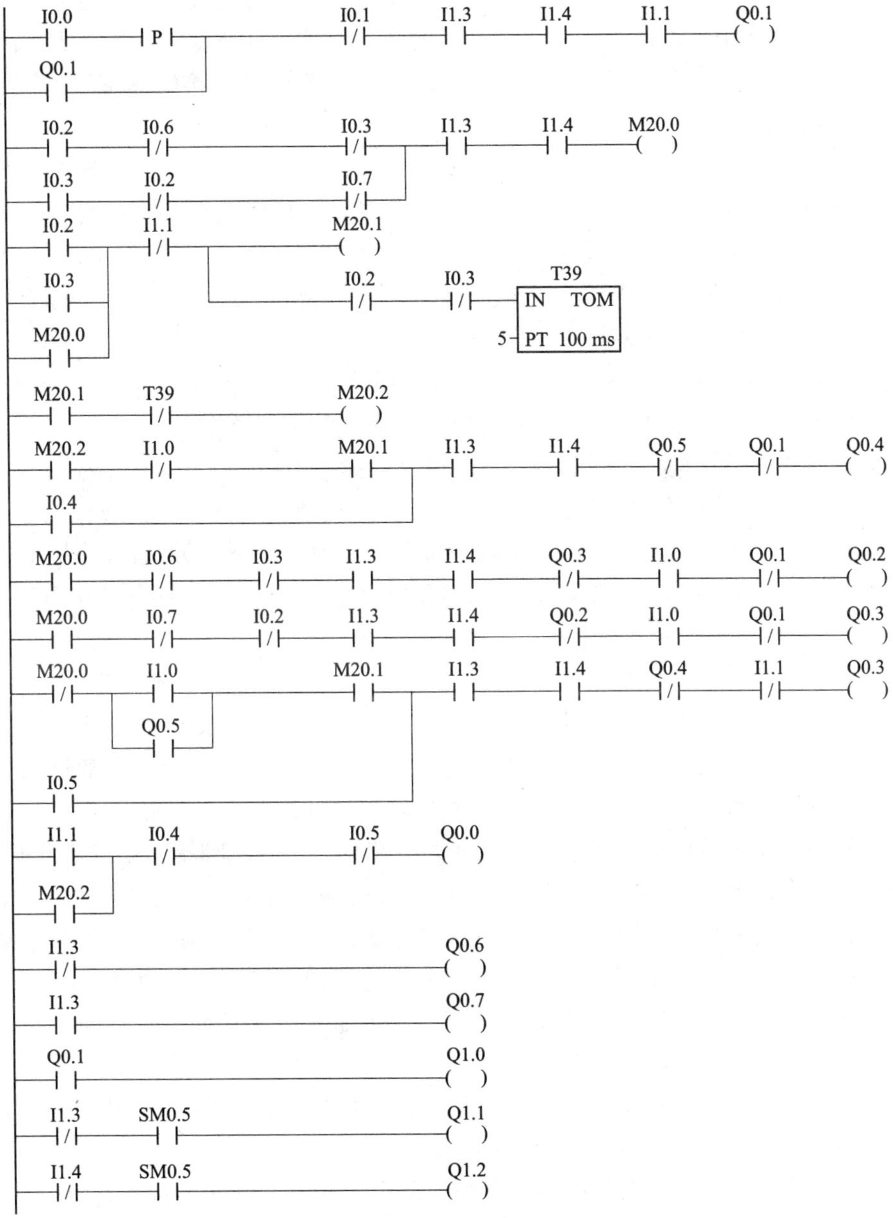

图 5-35　Z3040B 型摇臂钻床 PLC 控制梯形图

2）摇臂升降控制

按下上升按钮 SB$_3$（或下降按钮 SB$_4$），输入信号 I0.2（或 I0.3）有效，使摇臂放松夹紧信号 M20.0 为 ON，控制输出信号 Q0.4 和 Q0.5 为 ON，接触器 KM$_4$ 吸合，液压泵电动机 M$_3$ 启动运行，正向旋转，供给压力油。此时电磁阀 YV 通电，压力油经分配阀体进入摇臂的"松开油腔"，推动活塞移动，将摇臂松开；同时活塞杆通过弹簧片压下位置开关 SQ$_2$，放松到位输入信号 I1.0 接通，使输出信号 Q0.4 为 OFF，液压泵电动机接触器 KM$_4$ 释放，液压泵电动机停止运行；同时接通输出信号 Q0.2 或 Q0.3 为 ON，控制接触器 KM$_2$（或 KM$_3$）通电，摇臂升降电动机 M$_2$ 通电，摇臂上升（或下降）。需要停止时，松开上升按钮 SB$_3$（或下降按钮 SB$_4$），摇臂放松夹紧信号 M20.0 复位，控制夹紧输出信号 Q0.5 为 ON，接触器 KM$_5$ 吸合，液压泵电动机 M$_3$ 反向启动运行，随之泵内压力油经分配阀进入摇臂的"夹紧油腔"使摇臂夹紧。在摇臂夹紧后，活塞杆推动弹簧片压下位置开关 SB$_3$，输入信号 I1.1 有效，其常闭接点断开，Q0.5 复位，控制接触器 KM$_5$ 断电释放，M$_3$ 停止工作，完成了摇臂的松开→上升（或下降）→夹紧的整套动作。

SQ$_{1-1}$ 和 SQ$_{1-2}$ 作为摇臂升降的超程限位保护。当摇臂上升到极限位置时，压下 SQ$_{1-1}$ 输入信号 I0.6 有效，使 Q0.2 复位，接触器 KM$_2$ 断电释放，M$_2$ 停止运行，摇臂停止上升；当摇臂下降到极限位置时，压下 SQ$_{1-2}$ 输入信号 I0.7 有效，使 Q0.3 复位，接触器 KM$_3$ 断电释放，M$_2$ 停止运行，摇臂停止下降。

3）主轴箱和立柱的夹紧与放松控制

按下立柱和主轴箱的松开按钮 SB$_5$，输入信号 I0.4 有效，输出信号 Q0.4 为 ON，Q0.0 为 OFF，控制接触器 KM$_4$ 通电吸合，液压泵电动机 M$_3$ 正转，此时电磁阀 YV 处于断电状态，压力油经二位六通阀，供出的压力油进入立柱和主轴箱的松开油腔，推动活塞和菱形块，使立柱和主轴箱同时松开。在放松的同时通过行程开关 SQ$_4$ 控制指示灯发出信号，当主轴箱和立柱松开时，输入信号 I1.3 断开，输出信号 Q0.5 为 ON，控制指示灯 HL$_1$ 点亮，表示主轴箱和立柱已放松，可操作主轴箱和立柱移动；松开 SB$_5$，输入信号 I0.4 断开，输出信号 Q0.4 为 OFF，接触器 KM$_4$ 断电释放，液压泵电动机 M$_3$ 停转；同时输出信号 Q0.0 为 ON，电磁阀 YV 又重新通电，立柱和主轴箱同时松开的操作结束。

立柱和主轴箱同时夹紧的工作原理与松开相似，读者可自行分析。

4）过载保护

当主轴电动机、液压泵电动机有一台出现过载时，输入信号 I1.3 或 I1.4 断开，其相应的接点动作切断主轴和液压泵的输出信号，电动机停止运行，达到过载保护的目的。

5）过载显示控制

当主轴电动机、液压泵电动机有一台出现过载时，输入信号 I1.3 或 I1.4 断开，其相应的接点动作使输出 Q1.1 和 Q1.2 接通，故障指示灯闪烁，提醒维修人员设备出现故障。

6）其他辅助控制

（1）联锁保护。摇臂的升降和立柱及主轴箱的夹紧放松是两个可逆的动作，利用各自的接点进行联锁，避免同时通电造成事故。

（2）将主轴箱和立柱的夹紧与放松控制的检测开关 SQ$_4$，作为保护信号串接到主轴电动机接触器的控制程序中，增加了控制系统的安全性，在移动主轴箱和立柱的机床调整时主轴电动机不允许工作。

（3）在摇臂的升降和立柱及主轴箱的夹紧放松的硬件控制回路中，增加了互锁触点，防止电源发生短路。

■5.6.3　技能拓展

在本实例中考虑实际问题增加了主轴箱及立柱放松和主轴电动机运行的联锁保护，二者操作是两个独立的部分，防止在加工过程中主轴箱和立柱的放松而造成危险。考虑工程实际问题，使用热继电器常闭触点作为过载保护的接点，其优点是电动机过载时能可靠地断开，以免造成更严重的后果。对于简单的控制电路，如电源指示灯、照明电路等回路，可直接采用外部电路控制，一方面可以增加电路工作的可靠性，另一方面还可以节省 PLC 的输出点，从而降低成本，在其他实例中也可以借鉴此方法。

5.7　X62W 万能铣床控制

1. 机床主要结构及运动形式

1）主要结构

X62W 万能铣床由床身、主轴、刀杆、横梁、工作台、回转盘、横溜板和升降台几部分组成，如图 5-36 所示。

2）运动形式

（1）主轴转动是由主轴电动机通过弹性联轴器来驱动传动机构，当机构中的一个双联滑动齿轮块啮合时，主轴即可旋转。

（2）工作台面的移动是由进给电动机驱动的，它通过机械结构使工作台能进行三种形式六个方向的移动，即工作台面能直接在横溜板上部可转动部分的导轨上作纵向（左、右）移动；工作台面借助横溜板作横向（前、后）移动；工作台面还能借助升降台作垂直（上、下）移动。

2. X62W 万能铣床电气控制系统分析

X62W 型万能铣床电气控制原理图如图 5-37 所示。

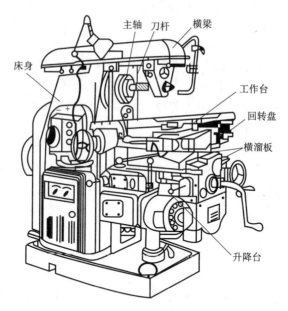

图 5-36 X62W 万能铣床外形图

1）主电路的组成

主电路由三台电动机组成：主轴电动机 M_1、进给电动机 M_2 和冷却泵电动机 M_3。

（1）主轴电动机 M_1 通过换相开关 SA_5 与接触器 KM_1 配合，能进行正反转控制，而与接触器 KM_2、制动电阻器 R 及速度继电器的配合，能实现串电阻瞬时冲动和正反转反接制动控制，并能通过机械进行变速。

（2）进给电动机 M_2 能进行正反转控制，通过接触器 KM_3、KM_4 与行程开关及 KM_5、牵引电磁铁 YA 配合，能实现进给变速时的瞬时冲动、六个方向的常速进给和快速进给控制。

（3）冷却泵电动机 M_3 只能正转。

（4）熔断器 FU_1 作机床总短路保护，也兼作 M_1 的短路保护；FU_2 作为 M_2、M_3 及控制变压器 TC、照明灯 EL 的短路保护；热继电器 FR_1、FR_2、FR_3 分别作为 M_1、M_2、M_3 的过载保护。

2）控制电路

（1）主轴电动机的控制。

①SB_1、SB_3 与 SB_2、SB_4 是分别装在机床两边的停止（制动）和启动按钮，实现两地控制，方便操作。

②KM_1 是主轴电动机启动接触器，KM_2 是反接制动和主轴变速冲动接触器。

③SQ_7 是与主轴变速手柄联动的瞬时动作行程开关。

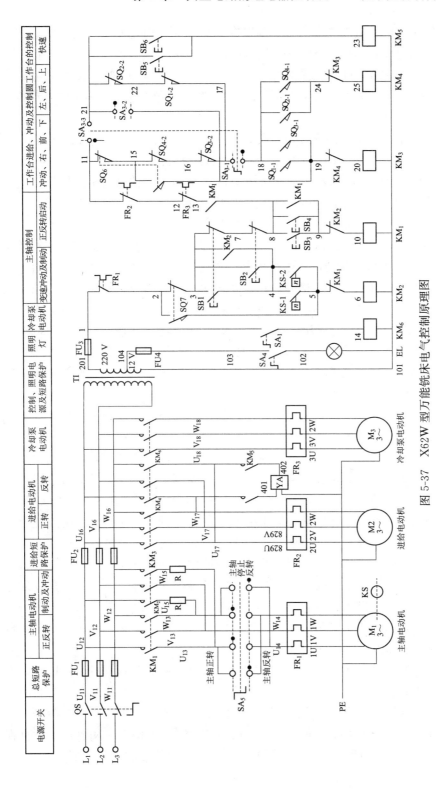

图 5-37　X62W 型万能铣床电气控制原理图

④主轴电动机需要启动时，首先将 SA_5 扳到主轴电动机所需要的旋转方向，然后再按启动按钮 SB_3 或 SB_4 来启动主轴电动机 M_1。主轴电动机启动（按 SB_3 或 SB_4）时控制线路的通路：1—2—3—7—8—9—10—KM_1 线圈。主轴电动机 M_1 启动后，速度继电器 KS 的一对常开触点闭合，为主轴电动机的停转制动做好准备。

⑤停车时，按停止按钮 SB_1 或 SB_2 切断 KM_1 电路，接通 KM_2 电路，主轴停止与反接制动（即按 SB_1 或 SB_2）时的通路：1—2—3—4—5—6—KM_2 线圈；改变 M_1 的电源相序进行串电阻反接制动，主轴电动机的转速迅速下降，当 M_1 的转速低于 120r/min 时，速度继电器 KS 的一对常开触点恢复断开，切断 KM_2 电路，M_1 停转，制动结束。

⑥主轴电动机变速时的瞬动（冲动）控制：利用变速手柄与冲动行程开关 SQ_7 通过机械上联动机构进行控制。变速时，先下压变速手柄，然后拉到前面，当快要落到第二道槽时，转动变速盘，选择需要的转速。此时凸轮压下弹簧杆，使冲动行程 SQ_7 的常闭触点断开，切断 KM_1 线圈的电路，电动机 M_1 断申；同时 SQ_7 的常开触点接通，KM_2 线圈得电动作，M_1 被反接制动。当手柄拉到第二道槽时，SQ_7 不受凸轮控制而复位，M_1 停转。接着把手柄从第二道槽推回原始位置时，凸轮又瞬时压动行程开关 SQ_7，使 M_1 反向瞬时冲动一下，以利于变速后的齿轮啮合。

但要注意，不论是开车还是停车，都应以较快的速度把手柄推回原始位置，以免通电时间过长，引起 M_1 转速过高而打坏齿轮。

（2）工作台进给电动机的控制。工作台的纵向、横向和垂直运动都由进给电动机 M_2 驱动，接触器 KM_3 和 KM_4 使 M_2 实现正反转，用以改变进给运动方向。它的控制电路采用了与纵向运动机械操作手柄联动的行程开关 SQ_1、SQ_2 和横向及垂直运动机械操作手柄联动的行程开关 SQ_3、SQ_4 组成复合联锁控制。即在选择三种运动形式的六个方向移动时，只能进行其中一个方向的移动，以确保操作安全，当这两个机械操作手柄都在中间位置时，各行程开关都处于未压的原始状态，进给电动机 M_2 只有在主轴电动机 M_1 启动后才能进行工作。在机床接通电源后，将控制圆工作台的组合开关 SA_{3-2}（21-19）扳到断开状态，使触点 SA_{3-1}（17-18）和 SA_{3-3}（11-21）闭合，为进行工作台的进给控制做好准备。

①工作台纵向（左右）运动的控制。工作台的纵向运动由进给电动机 M_2 驱动，由纵向操纵手柄来控制。此手柄是复式的，一个安装在工作台底座的顶面中央部位，另一个安装在工作台底座的左下方。手柄有三个位置：向左、向右和零位。当手柄扳到向右或向左运动方向时，手柄的联动机构压下行程 SQ_2 或 SQ_1，使接触器 KM_4 或 KM_3 动作，控制进给电动机 M_2 的转向。工作

台左右运动的行程，可通过调整安装在工作台两端的撞铁位置来实现。当工作台纵向运动到极限位置时，撞铁撞动纵向操纵手柄，使它回到零位，M_2 停转，工作台停止运动，从而实现了纵向终端保护。

工作台向左运动：在主轴电动机 M_1 启动后，将纵向操作手柄扳至向左位置，一方面机械接通纵向离合器；另一方面在电气上压下 SQ_2，使 SQ_{2-2} 断，SQ_{2-1} 通，而其他控制进给运动的行程开关都处于原始位置，此时使 KM_4 吸合，M_2 反转，工作台向左进给运动。

工作台向右运动：当纵向操纵手柄扳至向右位置时，机械上仍然接通纵向进给离合器，但却压动了行程开关 SQ_1，使 SQ_{1-2} 断，SQ_{1-1} 通，使 KM_3 吸合，M_2 正转，工作台向右进给运动。

②工作台垂直（上下）和横向（前后）运动的控制。工作台的垂直和横向运动，由垂直和横向进给手柄操纵。此手柄也是复式的，有两个完全相同的手柄分别装在工作台左侧的前、后方。手柄的联动机械一方面压下行程开关 SQ_3 或 SQ_4，另一方面也能接通垂直或横向进给离合器。操纵手柄有五个位置（上、下、前、后、中间），五个位置是联锁的，工作台的上下和前后的终端保护是利用装在床身导轨旁与工作台座上的撞铁，将操纵十字手柄撞到中间位置，使 M_2 断电停转。

工作台向后（或者向上）运动的控制：将十字操纵手柄扳至向后（或者向上）位置时，机械上接通横向进给（或者垂直进给）离合器，同时压下 SQ_3，使 SQ_{3-2} 断，SQ_{3-1} 通，使 KM_3 吸合，M_2 正转，工作台向后（或者向上）运动。

工作台向前（或者向下）运动的控制：将十字操纵手柄扳至向前（或者向下）位置时，机械上接通横向进给（或者垂直进给）离合器，同时压下 SQ_4，使 SQ_{4-2} 断，SQ_{4-1} 通，使 KM_4 吸合，M_2 反转，工作台向前（或者向下）运动。

③进给电动机变速时的瞬动（冲动）控制。变速时，为使齿轮易于啮合，进给变速与主轴变速一样，设有变速冲动环节。当需要进行进给变速时，应将转速盘的蘑菇形手轮向外拉出并转动转速盘，把所需进给量的标尺数字对准箭头，然后再把蘑菇形手轮用力向外拉到极限位置并随即推向原位，就在一次操纵手轮的同时，其连杆机构二次瞬时压下行程开关 SQ_6，使 KM_3 瞬时吸合，M_2 作正向瞬动启动。其通路为：11—21—22—17—16—15—19—20—KM_3 线圈。由于进给变速瞬时冲动的通电回路要经过 $SQ_1 \sim SQ_4$ 四个行程开关的常闭触点，因此只有当进给运动的操作手柄都在中间（停止）位置时，才能实现进给变速冲动控制，以保证操作时的安全。同时，与主轴变速时冲动控制一样，电动机的通电时间不能太长，以防止转速过高，在变速时打坏齿轮。

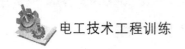

④工作台的快速进给控制。为提高劳动生产率，要求铣床在不作铣切加工时，工作台能快速移动。

工作台快速进给也是由进给电动机 M_2 来驱动的，在纵向、横向和垂直三种运动形式六个方向上都可以实现快速进给控制。主轴电动机启动后，将进给操纵手柄扳到所需位置，工作台按照选定的速度和方向作常速进给移动时，再按下快速进给按钮 SB_5（或 SB_6），使接触器 KM_5 通电吸合，接通牵引电磁铁 YA，电磁铁通过杠杆使摩擦离合器合上，减少中间传动装置，使工作台按运动方向作快速进给运动。当松开快速进给按钮时，电磁铁 YA 断电，摩擦离合器断开，快速进给运动停止，工作台仍按原常速进给时的速度继续运动。

（3）圆工作台运动的控制。铣床如需铣切螺旋槽、弧形槽等曲线时，可在工作台上安装圆形工作台及其传动机械，圆形工作台的回转运动也是由进给电动机 M_2 传动机构驱动的。

圆工作台工作时，应先将进给操作手柄都扳到中间（停止）位置，然后将圆工作台组合开关 SA_3 扳到圆工作台接通位置。此时 SA_{3-1} 断，SA_{3-3} 断，SA_{3-2} 通。准备就绪后，按下主轴启动按钮 SB_3 或 SB_4，则接触器 KM_1 与 KM_3 相继吸合。主轴电动机 M_1 与进给电动机 M_2 相继启动并运转，而进给电动机仅以正转方向带动圆工作台作定向回转运动。其通路为：11—15—16—17—22—21—19—20—KM_3 线圈，由上可知，圆工作台与工作台进给有互锁，即当圆工作台工作时，不允许工作台在纵向、横向、垂直方向上有任何运动。若误操作而扳动进给运动操纵手柄（压下 SQ_1～SQ_4、SQ_6 中任一个），M_2 即停转。

■ 5.7.1　项目引入：改造 X62W 型万能铣床 PLC 控制系统的设计

1. X62W 型万能铣床 PLC 控制系统的控制要求

（1）机床要求有三台电动机，分别为主轴电动机、进给电动机和冷却泵电动机。

（2）由于加工时有顺铣和逆铣两种，所以要求主轴电动机能正反转及在变速时能瞬时冲动一下，以利于齿轮的啮合，并要求能制动停车和实现两地控制。

（3）工作台的三种运动形式、六个方向的移动是依靠机械方法来达到的，对进给电动机要求能正反转，且要求纵向、横向、垂直三种运动形式相互间应有联锁，以确保操作安全。同时要求工作台进给变速时，电动机也能瞬间冲动、快速进给及两地控制等要求。

（4）冷却泵电动机只要求正转。

（5）进给电动机与主轴电动机需实现两台电动机的联锁控制，即主轴工作后才能进行进给。

（6）电路应有短路保护，电动机应有过载保护。

2. X62W 型万能铣床 PLC 电气控制系统的设计

（1）X62W 型万能铣床 PLC 电气控制系统的主电路的设计。对于 X62W 型万能铣床的主拖动回路来说，应保留原功能；而对于照明电路，其电路结构简单，可直接由外部电路控制，这样不但能节省 PLC 的输入/输出点数，还可以降低故障率，故将照明电路给予保留；

改造后控制系统的电动机、照明电路和电磁吸盘控制电路如图 5-38 所示。

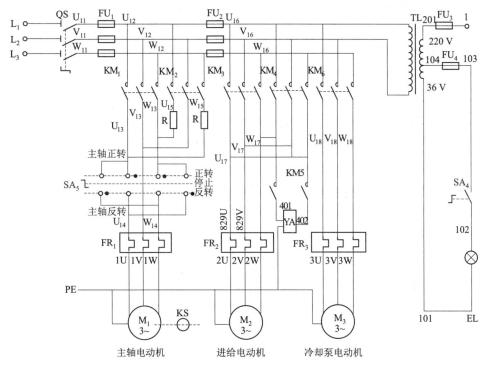

图 5-38　X62W 型万能铣床 PLC 电气控制系统设计

（2）X62W 型万能铣床 PLC 电气控制的硬件设计。根据分析 X62W 型万能铣床电气控制系统，列出 PLC 的 I/O 分配表，见表 5-10。在确定 I/O 点时，考虑到维修的方便，增加了电动机过载保护的显示指示灯。

表 5-10　X62W 型万能铣床电气控制系统 PLC 的 I/O 分配表

输入信号			输出信号		
名称	代号	编号	名称	代号	编号
M_1 停止按钮	SB_1	I0.0	主轴运行接触器	KM_1	Q0.0
M_1 启动按钮	SB_2	I0.1	主轴反接制动	KM_2	Q0.1

续表

输入信号			输出信号		
名称	代号	编号	名称	代号	编号
M_1 停止按钮	SB_3	I0.2	M_2 正转接触器	KM_3	Q0.2
M_1 启动按钮	SB_4	I0.3	M_2 反转接触器	KM_4	Q0.3
工作台快速移动 1	SB_5	I0.4	快速进给接触器	KM_5	Q0.4
工作台快速移动 2	SB_6	I0.5	冷却泵接触器	KM_6	Q0.5
M_1 变速冲动	SQ_7	I0.6	M_1 过载指示灯	HL_1	Q0.6
工作台向右进给	SQ_1	I0.7	M_2 过载指示灯	HL_2	Q0.7
工作台向左进给	SQ_2	I1.0	M_3 过载指示灯	HL_3	Q1.0
工作台向前、向下进给	SQ_3	I1.1			
工作台向后、向上进给	SQ_4	I1.2			
进给变速冲动开关	SQ_6	I1.3			
M_3 运行开关	SA_1	I1.4			
工作台进给位置操作	SA_{2-1}	I1.5			
圆工作台回转运动	SA_{3-2}	I1.6			
速度继电器正向动作	KS−1	I1.7			
速度继电器反向动作	KS−2	I2.0			
M_1 过载保护	FR_1	I2.1			
M_2 过载保护	FR_2	I2.2			
M_3 过载保护	FR_3	I2.3			

根据 X62W 万能铣床 PLC 的 I/O 表及控制要求，设计其 PLC 硬件原理图如图 5-39 所示。

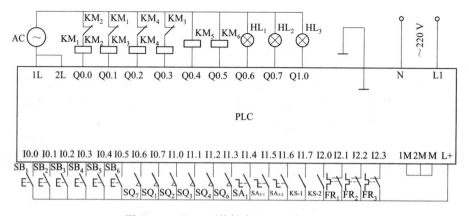

图 5-39 X62W 万能铣床 PLC 硬件原理图

■ 5.7.2　项目实施

在仔细阅读与分析 X62W 型万能铣床的继电器控制电路工作组原理的基础上，确定输入信号与输出信号之间的逻辑关系及各个电动机控制条件。对于 X62W 型万能铣床的改造来说，采用了互锁和互锁清除指令实现主轴电动机和进给电动机的顺序启动。在工作台进给控制是机械和电气结合比较紧密的控制方式，左右进给和上下、前后进给，二者操作是相互独立的，控制程序中通过各自的控制回路实现联锁保护，防止由于误操作引起机械故障，同时增加保护环节，以提高机床工作的可靠性。

根据控制要求设计的控制梯形图，如图 5-40 所示。

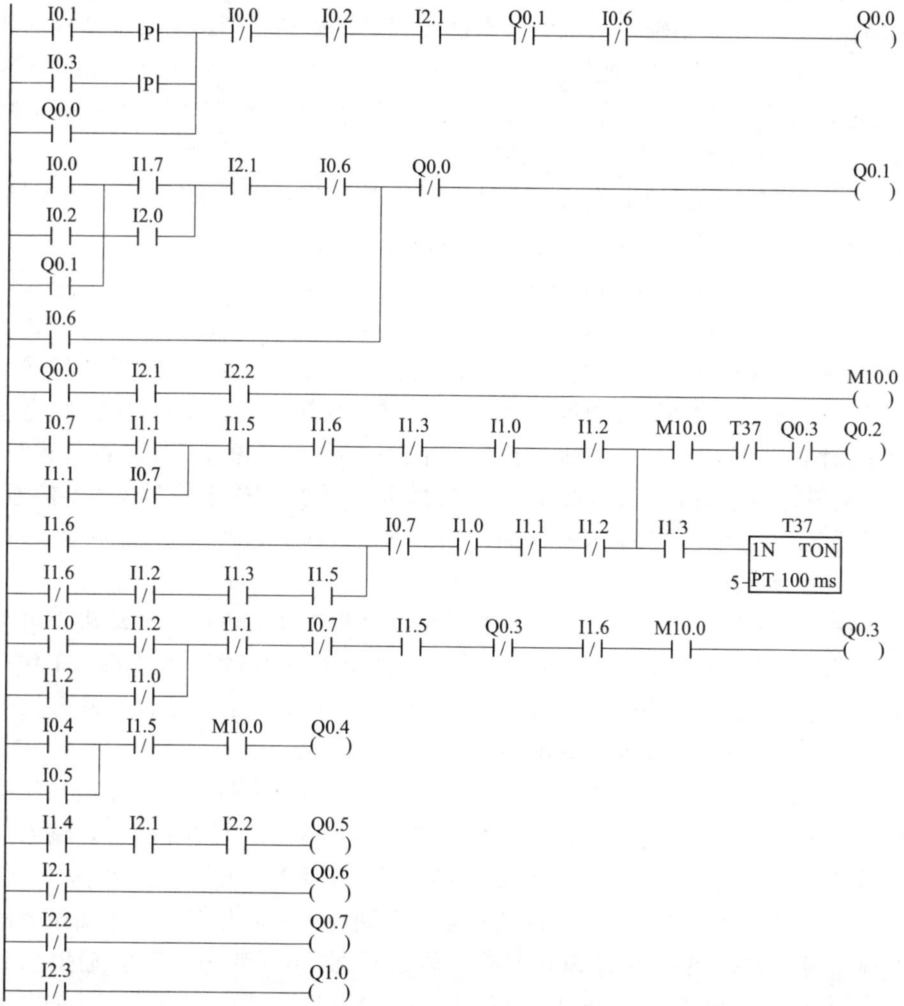

图 5-40　X62W 万能铣床 PLC 控制梯形图

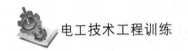
程序的执行过程分析如下：

1. 主轴电动机控制

（1）主轴电动机正向（将 SA_5 旋至正转位置）运行。按下 SB_2 按钮（或 SB_4 按钮），输入信号 I0.1 有效（或 I0.3 有效），即 I0.1（或 I0.3）为 ON，使输出信号 Q0.0 为 ON，控制接触器 KM_1 接通，主轴电动机启动运行，主轴电动机 M_1 启动后，速度继电器 KS 的一对常开触点 KS-1 闭合，为主轴电动机的停转制动做好准备；需要停止时，按下 SB_1 按钮（或 SB_3 按钮），输入信号 I0.0 有效（或 I0.2 有效），其常闭接点将输出信号 Q0.0 断开，接触器 KM_1 断电，此时电动机由于惯性继续旋转，输出信号 Q0.0 复位，其常闭接点接通，输出信号 Q0.1 接通，控制接触器 KM_2 通电，主轴电动机的三相电源的相序被改变，主轴电动机串电阻进入到反接制动状态，主轴电动机的转速迅速下降，当 M_1 的转速低于 100r/min 时，速度继电器 KS 的常开触点 KS-1 复位，即输入信号 I1.7 变为 OFF，使输出信号 Q0.1 断开，接触器 KM_2 断电，主轴电动机 M_1 立即停转，反接制动结束。

（2）主轴电动机反向运行。主轴电动机 M_1 停转后，将转换开关 SA_5 旋至反转位置，其控制过程与正向相同，可自行分析。

（3）主轴电动机 M_1 变速冲动操作。变速时，先下压变速手柄，主轴变速冲动行程开关 SQ_7 动作，输入信号 I0.6 有效，其常闭接点将输出信号 Q0.0 断开，接触器 KM_1 断电，电动机 M_1 停止运行；同时 I0.7 的常开接点使输出信号 Q0.1 接通，KM_2 线圈得电动作，M_1 进行反接制动，使电动机 M_1 迅速停止。操作变速手柄选择主轴的转速，当把手柄从第二道槽推回原始位置时，凸轮又瞬时压动行程开关 SQ_7，输入信号 I0.6 有效，输出信号 Q0.1 接通，接触器 KM_2 通电，使 M_1 反向瞬时转动一下，以利于变速后的齿轮啮合。

2. 工作台进给控制

根据铣床的加工工艺要求，只有主轴电动机工作后，进给电动机方可工作。当输出信号 Q0.0 为 ON 时，辅助继电器 M10.0 为 ON，允许操作工作台进给；并将工作台和圆工作台的选择开关旋至工作台工作位置，输入信号 I1.5 有效，为工作台进给做好准备。

（1）工作台纵向（左右）运动的控制。工作台向左运动：将纵向操作手柄扳至向左位置，一方面机械接通纵向离合器；另一方面压下 SQ_2，输入信号 I1.0 有效，输出信号 Q0.3 为 ON，控制接触器 KM_4 通电，进给电动机 M_2 反转，工作台向左进给运动。将纵向操作手柄扳至中间位置，一方面机械断开纵向离合器；另一方面 SQ_2 复位，输入信号 I1.0 变为 OFF，输出信号 Q0.3 复位，接触器 KM_4 断电，进给电动机 M_2 停止运行，工作台停止向左进给运动。

工作台向右运动：将纵向操作手柄扳至向右位置，一方面机械接通纵向离合器；另一方面压下 SQ₁，输入信号 I0.7 有效，输出信号 Q0.2 为 ON，控制接触器 KM₃ 通电，进给电动机 M₂ 正转，工作台向右进给运动。将纵向操作手柄扳至中间位置，一方面机械断开纵向离合器；另一方面 SQ₁ 复位，输入信号 I0.7 变为 OFF，输出信号 Q0.2 复位，接触器 KM₃ 断电，进给电动机 M₂ 停止运行，工作台停止向右进给运动。

（2）工作台垂直（上下）和横向（前后）运动的控制。工作台向前（或者向下）运动的控制：将"十"字操纵手柄（垂直和横向进给手柄）扳至向前（或者向下）位置时，机械上接通横向进给（或者垂直进给）离合器，同时压下 SQ₃，输入信号 I1.1 有效，输出信号 Q0.2 为 ON，控制接触器 KM₃ 通电，进给电动机 M₂ 正转，工作台向前（或者向下）运动。将"十"字操纵手柄扳至中间位置，机械上断开横向进给（或者垂直进给）离合器，同时 SQ₃ 复位，输入信号 I1.1 变为 OFF，输出信号 Q0.2 复位，接触器 KM₃ 断电，进给电动机 M₂ 停止工作，工作台停止向前（或者向下）运动。

工作台向后（或者向上）运动的控制：将"十"字操纵手柄（垂直和横向进给手柄）扳至向后（或者向上）位置时，机械上接通横向进给（或者垂直进给）离合器，同时压下 SQ₄，输入信号 I1.3 有效，输出信号 Q0.3 为 ON，控制接触器 KM₄ 通电，进给电动机 M₂ 反转，工作台向后（或者向上）运动。将"十"字操纵手柄扳至中间位置，机械上断开横向进给（或者垂直进给）离合器，同时 SQ₄ 复位，输入信号 I1.3 变为 OFF，输出信号 Q0.3 复位，接触器 KM₄ 断电，进给电动机 M₂ 停止工作，工作台停止向后（或者向上）运动。

（3）工作台的快速进给控制。主轴电动机启动后，将进给操纵手柄扳到所需位置，再按下快速进给按钮 SB₅（或 SB₆），输入信号 I0.4（或 I0.5）有效，输出信号 Q0.4 为 ON，控制接触器 KM₅ 通电，接通牵引电磁铁 YA，电磁铁通过杠杆使摩擦离合器合上，工作台按运动方向作快速进给运动。当松开快速进给按钮 SB₅（或 SB₆），输入信号 I0.4（或 I0.5）变为 OFF，输出信号 Q0.4 复位，控制接触器 KM₅ 断电，断开牵引电磁铁 YA，摩擦离合器断开，快速进给运动停止，工作台仍按原常速进给时的速度继续运动。

（4）进给变速冲动。当进给运动的操作手柄必须放在中间（停止）位置时，才能实现进给变速冲动控制，以保证操作时的安全。

在变速手柄操作中，通过联动机构瞬时压下行程开关 SQ₆，输入信号 I1.3 有效，输出信号 Q0.2 为 ON，接触器 KM₃ 瞬时通电，使进给电动机 M₂ 瞬时转动。选择完速度后，再把调速手柄推向原位，其连杆机构又一次瞬时压下行程开关 SQ₆，使 KM₃ 瞬时通电，M₂ 作正向瞬时转动。输入信号 I1.3

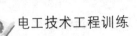

有效时间过长时，定时器 T37 动作使输出信号 Q0.2 复位，接触器 KM_3 断电，进给变速瞬时冲动电动机的通电时间不能太长，以防止转速过高，在变速时打坏齿轮。

3. 圆工作台回转运动控制

圆工作台工作时，应先将进给操作手柄扳到中间（停止）位置，然后将圆工作台组合开关 SA_3 扳到圆工作台接通位置 SA_{3-2} 接通，输入信号 I1.6 有效。按下主轴启动按钮 SB_3 或 SB_4，输出信号 Q0.0 为 ON，输出信号 Q0.2 为 ON，控制接触器 KM_3 通电，进给电动机 M_2 运转，进给电动机以正转方向带动圆工作台作定向回转运动。需要停止时，将圆工作台的选择开关 SA_{3-2} 断开，输入信号 I1.6 变为 OFF，输出信号 Q0.2 复位，控制接触器 KM_3 断电，进给电动机 M_2 停转，圆工作台停止工作。

4. 过载保护

当主轴电动机出现过载时，输入信号 I2.1 断开，其相应的接点动作切断输出信号 Q0.0，控制主轴电动机接触器 KM_1 断电复位，电动机停止运行，达到过载保护的目的。

当进给电动机、液压泵电动机有一台过载时，输入信号 I2.2 和 I2.3 断开，使辅助继电器 M10.0 复位，控制输出信号 Q0.2、Q0.3、Q0.4 断开控制的进给电动机和液压泵电动机接触器 KM_3、KM_4 及 KM_5 断电复位，进给电动机和液压泵电动机停止运行，达到过载保护的目的。

5. 过载显示控制

当主轴电动机、进给电动机和液压泵电动机有一台出现过载时，输入信号 I2.0、I2.1 和 I2.3 有一个断开，其相应的常闭接点复位，对于输出信号 Q0.6、Q0.7 和 Q1.0 来说，控制相应的故障指示灯点亮，提醒维修人员设备出现故障。

6. 其他辅助控制

（1）顺序启动。只有主轴电动机工作后，进给电动机方可工作。当输出信号 Q0.0 为 ON 时，允许操作工作台进给，防止误操作发生危险。

（2）联锁保护。

1）控制主轴电动机运行接触器 KM_1 输出信号 Q0.0 与主轴反接制动接触器 KM_2 输出信号 Q0.1 之间的互锁。同时在主轴电动机运行接触器与反接制动接触器的线圈的硬件电路也增加了互锁触点，防止 KM_1 与 KM_2 同时吸合，造成电源短路。

2）控制进给电动机正向运行接触器输出信号 Q0.2 和进给电动机反向运行接触器输出信号 Q0.3 之间的互锁。同时在进给电动机正反向接触器线圈的硬件电路也增加了互锁触点，防止 KM_3 与 KM_4 同时吸合造成电源短路。

3）工作台左右进给与上下（前后）进给的联锁。工作台左右进给的控制梯形图中，将上下（前后）进给的输入信号 I1.1 和 I1.2 的常闭接点串入，只有把上下（前后）进给手柄放在中间位置时，左右进给才能实现；工作台上下（前后）进给的控制梯形图中，将左右进给的输入信号 I0.7 和 I1.0 的常闭接点串入，只有把左右进给手柄放在中间位置时，上下（前后）进给才能实现，这样保证在同一时刻只能实现一个方向的进给。

5.7.3　技能拓展

对于 X62W 型万能铣床的改造来说，在保持原有功能的基础上，并对继电器控制电路不合理的内容加以完善。为增加程序的可读性，在设计程序时采用了互锁和互锁清除指令，实现主轴电动机和进给电动机的顺序启动。工作台进给电动机左右进给和上下、前后进给，二者操作是相互独立的，控制程序中通过各自的控制回路实现联锁保护，保证在同一时刻只能实现一个方向的进给，防止由于误操作引起机械故障。在进给电动机正反向接触器线圈的硬件电路也增加了互锁触点，防止由于 PLC 执行程序的扫描周期过短而引起 KM_3 与 KM_4 同时吸合造成电源短路。对于工作台进给变速冲动进行超时保护，以避免电动机的通电时间太长，导致电动机转速过高，在变速时打坏齿轮。

5.8　T68 卧式镗床

T68 卧式镗床的结构如图 5-41 所示。

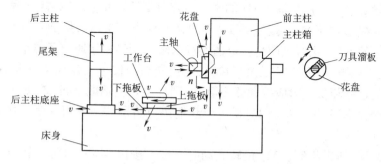

图 5-41　T68 卧式镗床的结构

运动形式（在图中用箭头表示）具体如下。

（1）主运动：镗杆（主轴）旋转或平旋盘（花盘）旋转。

（2）进给运动：主轴轴向（进、出）移动、主轴箱（镗头架）的垂直

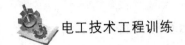

（上、下）移动、花盘刀具溜板的径向移动、工作台的纵向（前、后）和横向（左、右）移动。

（3）辅助运动：有工作台的旋转运动、后立柱的水平移动和尾架垂直移动。

主体运动和各种常速进给由主轴电机 M_1 驱动，但各部分的快速进给运动是由快速进给电机 M_2 驱动的。

■ 5.8.1　T68 型卧式镗床电气继电控制系统分析

T68 型卧式镗床的电气原理图，如图 5-42 所示。

1. 主电路的组成

T68 卧式镗床主轴电动机 M_1 采用双速电动机，由接触器 KM_4 和 KM_5 实现三角形—双星形变换，得到主轴电动机 M_1 的低速和高速运行。接触器 KM_1、KM_2 控制主轴电动机 M_1 的正反转。快速移动电动机 M_2 的正反转由接触器 KM_6、KM_7 控制，由于 M_2 是短时间工作，所以不设置过载保护。

2. 控制电路工作原理

1）主轴电动机 M_1 的控制

主轴电动机 M_1 的控制有高速和低速运动、正反转、点动控制和变速冲动。

（1）M_1 正反转控制。主轴电动机正反转由接触器 KM_1、KM_2 主触点完成电源相序的改变，以实现改变电动机转向。按下正转启动按钮 SB_2，中间继电器 KA_1 线圈得电，其自锁触点闭合，实现自锁。互锁触点 KA_1 断开，实现对控制反转运行的中间继电器 KA_2 的互锁。同时，KA_1 的另一个常开触点 KA_1（10-11）闭合，接通接触器 KM_3，将制动电阻短接为主电动机高速或低速运转做好准备。接触器 KM_3 的常开触点（4-17）和 KA_1 的常开触点（14-17）接通接触器 KM_1，接触器 KM_1 的常开触点（3-13）接通接触器 KM_4，主电路中的 KM_1 主触点闭合，电源通过 KM_3 或 KM_4 接通定子绕组，主电动机 M_1 正转（电动机绕组三角形接法）。反转时，按下正反转启动按钮 SB_3，与正转的过程相似，对应接触器 KM_2 线圈得电，主轴电动机 M_1 反转。为了防止接触器 KM_1 和 KM_2 同时得电引起电源短路事故，采用这两个接触器常闭触点互锁。

（2）M_1 点动控制。M_1 正转点动时，按下按钮 SB_4，由常开触点 SB_4 接通接触器 KM_1 及 KM_4 线圈电路；其主触点接通主轴电动机 M_1 低速正转电源，主轴电动机 M_1 串电阻低速正转运行，当按钮 SB_4 复位时，接触器 KM_1 及 KM_4 线圈断电，其主触点复位，主轴电动机 M_1 停转。

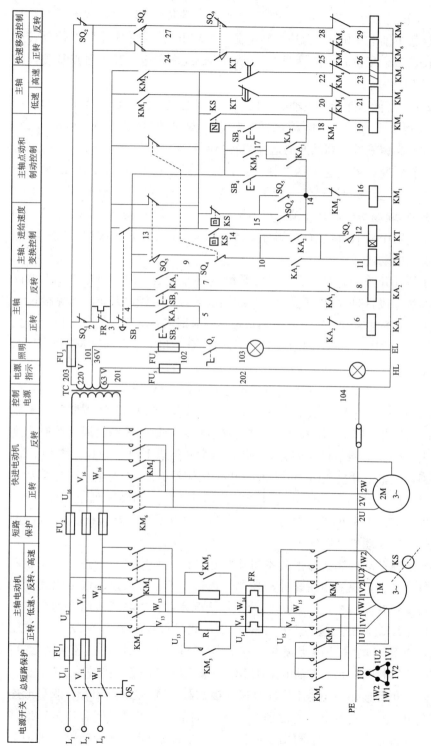

图 5-42　T68 型卧式镗床的电气原理图

M_1 反转点动时，按下按钮 SB_5，接通接触器 KM_2 及 KM_4 线圈电路；其主触点接通主轴电动机 M_1 低速反转电源，主轴电动机 M_1 串电阻低速反转运行，当按钮 SB_5 复位时，接触器 KM_2 及 KM_4 线圈断电，其主触点复位，主轴电动机 M_1 停转。

（3）M_1 高低速选择。主轴电动机 M_1 为双速电动机，定子绕组三角形接法（KM_4 得电吸合）时，电动机低速旋转；双星形接法（KM_5 得电吸合）时，电动机高速旋转。高低速的选择与转换由变速手柄和行程开关 SQ_7 控制。选择好主轴转速，将变速手柄选择高速，压下行程开关 SQ_3，SQ_4 的触点不动作，由于主电动机 M_1 已经选择了正转或反转，即 KM_1 或 KM_2 闭合，此时接触器 KM_3 线圈得电，其互锁触点 KM_3 断开，实现对接触器 KM_4、KM_5 的互锁。主电路中的 KM_3 主触点闭合，将主轴电动机 M_1 定子绕组接成三角形接入电源，电动机低速运转。

由于行程开关 SQ_7 被压合，其常开触点 SQ_7 闭合，时间继电器 KT 线圈得电，经过一段延时（启动完毕），延时触点 KT（13-20）断开，接触器 KM_4 线圈断电，主轴电动机 M_1 解除三角形连接；延时触点 KT（13-22）闭合，接触器 KM_5 线圈得电，主电路中的 KM_5 触点闭合，将主轴电动机 M_1 定子绕组接成双星形，主轴电动机高速运转。

（4）主轴电动机停车制动。当主轴电动机高、低速运行（正转）时，按下停止按钮 SB_1，其常闭触点将 KM_1、KM_3、KM_4 或 KM_5 线圈断电，主轴电动机 M_1 断电，同时 SB_1 的常开触点将接触器 KM_2 的线圈接通（此时速度继电器 KS_1 的常开触点已经闭合），KM_2 的常开触点 KM_2（3-13）再将 KM_4 线圈接通，主轴电动机绕组接成角接，由于接触器 KM_3 未通电，主轴电动机串电阻进行反接制动，主轴电动机的转速迅速下降，当转速低于 100 r/min 时，速度继电器 KS_1 的常开触点复位，控制接触器 KM_2 的线圈断电，反接制动结束，主轴电动机迅速停车。

（5）变速冲动控制。考虑到本机床在运转的过程中进行变速时，能够使齿轮更好地啮合，现采用变速冲动控制。本机床的主轴变速和进给变速分别由各自的变速孔盘机构进行调速。其工作情况是：在主轴或进给变速中，不必按下停车按钮，可直接将变速手柄拉出，此时行程开关 SQ_3 或 SQ_4 被压下，SQ_3 或 SQ_4 的常开触点复位，接触器 KM_3 断电，同时其常闭触点将 KM_1 或 KM_2 断电，无论主轴电动机 M_1 原来工作在低速（接触器 KM_4 主触点闭合，三角形连接）还是工作在高速（接触器 KM_5 主触点闭合，双星形连接）都断电停车，同时由于速度继电器 KS_1 的常开触点已经闭合，为反接制动做好了准备，当 KM_1 的常闭触点复位后，接触器 KM_2 线圈通电，主轴电动机进入到反接制动状态，主轴电动机迅速停车。这时可以转动变速操作盘（孔盘），选择所需转速，然后将变速手柄推回原位。若手柄可以推回原处（复位），则行程开关 SQ_3 或 SQ_4 复位，此时无论是否压下行程开关 SQ_5 或 SQ_6，主电动机 M_1 都是以低速启动，便于齿轮啮合，然后过渡到新设定的转速下运行。若因齿轮箱顶齿而使手柄无法推回时，SQ_5 或 SQ_6 不能复位，则通过其常开触点和速度继电器的常闭触点，使主轴电动机 M_1 瞬间得电、断电，产生冲动，使齿轮在冲动过程很快啮合；手柄推回原位，变速冲动结束，主轴电动机 M_1 是在新设定的转速下转动的。

2）快速移动电动机 M_2 的控制

加工过程中，主轴箱、工作台或主轴的快速移动，是将快速手柄扳动，接通机械传动链，同时压动限位开关 SQ_8 或 SQ_9，使接触器 KM_6、KM_7 线圈得电，快速移动电动机 M_2 正转或反转，拖动有关部件快速移动。

（1）将快速移动手柄扳到"正向"位置，压动 SQ_9，其常开触头 SQ_6（24-25）闭合，KM_6 线圈通电动作，M_2 正向转动。将手柄扳到中间位置，SQ_9 复位，KM_6 线圈失电释放，M_2 停转。

（2）将快速移动手柄扳到"反向"位置，压动 SQ_8，其常开触头 SQ_8（2-27）闭合，KM_7 线圈通电动作，M_2 反向转动。将手柄扳至中间位置，SQ_8 复位，KM_7 线圈失电释放，M_2 停转。

（3）主轴箱、工作台与主轴机动进给互锁。为防止工作台，主轴箱和主轴同时机动进给，损坏机床或刀具，在电气线路上采取了相互联锁措施。联锁通过两个关联的限位开关 SQ_1 和 SQ_2 来实现。主轴进给时手柄压下 SQ_1，SQ_1 常闭触点 SQ_1（1-2）断开；工作台进给时手柄压下 SQ_2，SQ_2 常闭触点（1-2）断开。两限位开关的常闭触点都断开，切断了整个控制电路的电源，从而 M_1 和 M_2 都不能运转。

5.8.2　项目引入

1. T68 型卧式镗床 PLC 控制系统的控制要求

根据 T68 型卧式镗床的电路图，确定其控制要求如下。

（1）机床要求有两台电动机，分别为主轴电动机和快速进给电动机。

（2）要求主轴电动机能实现正反转，以及在变速时能瞬时冲动一下，以利于齿轮的啮合，并要求还能制动停车。

（3）对快速进给电动机要求能正反转，且要求相互间应有联锁，以确保操作安全。

（4）机床应具有短路保护和过载保护。

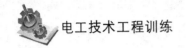
2. T68 型卧式镗床 PLC 电气系统的设计

T68 型卧式镗床 PLC 电气控制系统的主电路的设计。对于 T68 型卧式镗床的主拖动回路来说，应保留原功能；而对于照明电路，其电路结构简单，可直接由外部电路控制，这样不但能节省 PLC 的输入/输出点数，还可以降低故障率，故将照明电路给予保留；改造后控制系统的电动机及照明电路如图 5-43 所示。

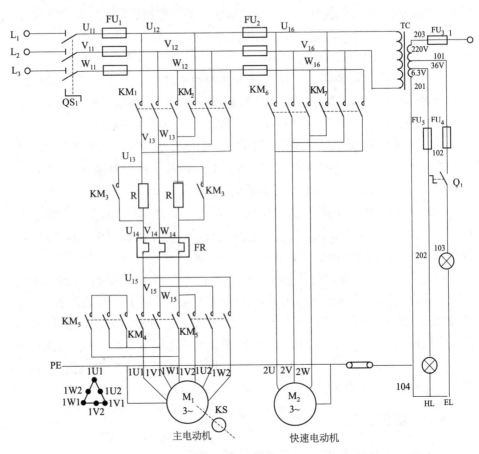

图 5-43　PLC 控制 T68 型卧式镗床的主电路及照明电原理图

5.8.3　项目实施

T68 型卧式镗床 PLC 电气控制系统的硬件设计。通过分析 T68 型卧式镗床电气控制系统列出 PLC 的 I/O 分配表，见表 5.11。在确定 I/O 点时，考虑到维修的方便，增加电动机过载保护的显示指示灯。

表 5-11　T68 型卧式镗床电气控制系统 PLC 的 I/O 分配表

输入信号			输出信号		
名称	代号	编号	名称	代号	编号
M₁ 停止按钮	SB₁	I0.0	M₁ 正转运行接触器	KM₁	Q0.0
M₁ 正转启动按钮	SB₂	I0.1	M₁ 反转运行接触器	KM₂	Q0.1
M₁ 反转启动按钮	SB₃	I0.2	M₁ 串反接制动电阻	KM₃	Q0.2
M₁ 正转点动按钮	SB₄	I0.3	M₁ 绕组角接接触器	KM₄	Q0.3
M₁ 反转点动按钮	SB₅	I0.4	M₁ 绕组双星接接触器	KM₅	Q0.4
主轴箱自动进给行程开关	SQ₁	I0.5	M₂ 正转接触器	KM₆	Q0.5
工作台自动进给行程开关	SQ₂	I0.6	M₂ 反转接触器	KM₇	Q0.6
主轴变速制动停止行程开关	SQ₃	I0.7	主轴电机过载指示	HL₁	Q0.7
进给变速制动停止行程开关	SQ₄	I1.0			
主轴变速冲动行程开关	SQ₅	I1.1			
进给变速冲动行程开关	SQ₆	I1.2			
M₁ 高低速转换行程开关	SQ₇	I1.3			
M₂ 反转行程开关	SQ₈	I1.4			
M₂ 正转行程开关	SQ₉	I1.5			
速度继电器反转动作触点	KS₁₋₂	I1.6			
速度继电器正转动作触点	KS₁₋₁	I1.7			
主轴电动机过载保护	FR1	I2.0			

根据 T68 型卧式镗床 PLC 的 I/O 表及控制要求，设计的 PLC 硬件原理图如图 5-44 所示。

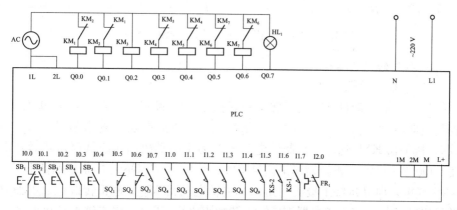

图 5-44　T68 型卧式镗床 PLC 硬件原理图

在仔细阅读与分析 T68 型卧式镗床的继电器控制电路工作组原理的基础

上，确定输入信号与输出信号之间的逻辑关系及各个电动机控制条件。对于 T68 型卧式镗床的改造来说，应注意主轴电动机 M_1 正反转运行、点动及高低速的换接；主轴电动机 M_1 正反转反接制动运行；主轴和进给的变速冲动。控制程序中应增加各个控制回路的联锁保护，防止误操作引起的不良后果，以提高机床工作的可靠性。

1. 控制程序的设计

根据控制要求设计的控制梯形图，如图 5-45 所示。

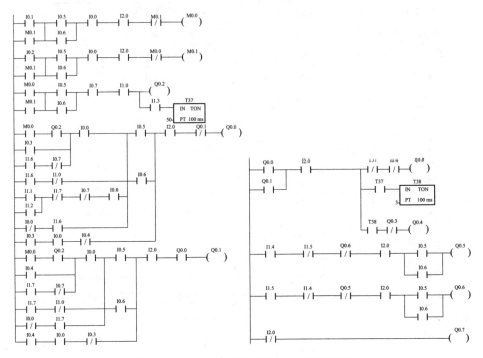

图 5-45　T68 型卧式镗床 PLC 控制梯形图

2. 程序的执行过程

1) 主轴电动机控制

（1）主轴电动机 M_1 正反转运行。按下 SB_2 按钮，输入信号 I0.1 有效，控制正向启动信号 M0.0 为 ON，M0.0 的动合接点控制输出信号 Q0.2 为 ON，接触器 KM_3 通电，将制动电阻短接为主电动机高速或低速运转做好准备。Q0.2 和 M0.0 再控制输出信号 Q0.0 和 Q0.3 为 ON，控制接触器 KM_1、KM_4 通电，电动机绕组接成三角形，主轴电动机 M_1 低速正转运行。主轴电动机启动运行，速度继电器 KS 的正转触点 KS_{1-1} 闭合，为主轴电动机的停转制动作好准备。需要停止时，按下 SB_1 按钮，输入信号 I0.0 断开，其常开接点复位将输出信号 Q0.0、Q0.2 和 Q0.3 断开，接触器断电，此时电动机由于惯性继续旋转；输出信号 Q0.0 断开后其常闭接点复位，此时速度继电器 KS_{1-1} 的输入信号 I1.7 已经有效，使输出信号 Q0.1 为 ON，控制接触器 KM_2 通电，主轴电动机串电阻进入到反接制动状态，主轴电动机的转速迅速下降，当 M_1 的转速低于 $100r/min$ 时，速度继电器 KS_{1-1} 复位状态即输入信号 I1.7 变为 OFF，使输出信号 Q0.1 断开，接触器 KM_2 断电，主轴电动机 M_1 立即停转，反接制动结束。

主轴电动机反转运行，其控制过程与正转相同，读者可自行分析。

（2）M_1 点动控制。M_1 正转点动时，按下按钮 SB_4，输入信号 I0.3 有效，输出信号 Q0.0 和 Q0.3 为 ON，控制接触器 KM_1 和 KM_4 通电，主轴电动机 M_1 串电阻低速正转运行；当按钮 SB_4 复位时，输入信号 I0.3 变为 OFF，输出信号 Q0.0 和 Q0.3 复位，接触器 KM_1 及 KM_4 断电，主轴电动机 M_1 停转。

M_1 反转点动时，按下按钮 SB_5，输入信号 I0.4 有效，输出信号 Q0.1、Q0.3 为 ON，控制接触器 KM_2 及 KM_4 通电，主轴电动机 M_1 串电阻低速反转运行；当按钮 SB_5 复位时，输入信号 I0.4 变为 OFF，输出信号 Q0.1 和 Q0.3 复位，接触器 KM_2 及 KM_4 断电，主轴电动机 M_1 停转。

（3）M_1 高低速选择。将高低速的选择行程开关置于高速位置，则行程开关 SQ_7 被压合。SQ_7 常开触点闭合，输入信号 I1.3 有效。当主轴电动机 M_1 启动时定时器 T37 的条件满足，经过 5 s 的延时（启动完毕），其常闭接点动作，输出信号 Q0.3 变为 OFF，接触器 KM_4 断电，主轴电动机 M_1 断开三角形连接；为了安全起见，预留出角接与双星接换接时间 0.3 s（接触器的复位时间），定时器 T37 动作后，其常开接点接通定时器 T38，再过 0.3 s 其接点动作将输出信号 Q0.4 接通，控制接触器 KM_5 通电，将主轴电动机 M_1 定子绕组接成双星形，主轴电动机高速运行。

（4）主轴变速冲动控制。以主轴电动机正向运行为例进行分析。

在主轴变速中，不必按下停车按钮，可直接将变速手柄拉出，此时行程开关 SQ_3 被压下，输入信号 I0.7 有效，输出信号 Q0.2 断开，控制接触器 KM_3 断电，将反接制动电阻串入电动机绕组；同时 Q0.2 的常开接点将 Q0.0 断开，接触器 KM_1 断电，主轴电动机 M_1 无论工作在低速还是高速都断电停车。由于速度继电器 KS_{1-1} 的常开触点已经闭合，即输入信号 I1.7 有效，为反接制动做好了准备，输出信号 Q0.0 复位后将输出信号 Q0.1 接通；当 KM_1 的常闭触点复位后，接触器 KM_2 线圈通电，主轴电动机进入到反接制动状态，主轴电动机迅速停车。这时可以转动变速操作盘（孔盘），选择所需转速，然后将变速手柄推回原位。若手柄可以推回原处（复位），则行程开关 SQ_3 复位，此时无论是否压下行程开关 SQ_5，主轴电动机 M_1 都以低速启动，便于齿轮啮合。然后过渡到预先设定的转速下运行。若因顶齿而使手柄无法

推回时 SQ_3 不能复位，此时 SQ_5 被压下则输入信号 I1.1 有效，并通过与其串联的输入信号 I1.7 常闭接点，使输出信号 Q0.0 接通，控制接触器 KM_1 通电，主轴电动机 M_1 瞬间得电。当主轴电动机的转速达到 120r/min 时，KS_{1-1} 触点断开，输入信号 I1.7 常闭断开，输出信号 Q0.0 断开，接触器 KM_1 断电，产生冲动，使齿轮在冲动过程中很快啮合，手柄推回原位 SQ_3 复位，此时变速冲动结束。主轴变速调整结束后，按新设定的转速重新启动运行。

主轴电动机反向运行时，其过程与正向运行类似，读者可自行分析。

（5）进给变速冲动控制。在进给变速中，不必按下停车按钮，可直接将变速手柄拉出，其过程与主轴变速过程基本相同。以主轴电动机正向运行为例，变速时压下行程开关 SQ_4，输入信号 I1.0 有效，输出信号 Q0.2 断开，控制接触器 KM_3 断电，将反接制动电阻串入电动机绕组；同时 Q0.2 的常开接点将 Q0.0 断开，接触器 KM_1 断电，主轴电动机 M_1 无论工作在低速还是高速都断电停车。由于速度继电器 KS_{1-1} 的常开触点已经闭合，即输入信号 I1.7 有效，为反接制动做好了准备，输出信号 Q0.0 复位后将输出信号 Q0.1 接通；当 KM_1 的常闭触点复位后，接触器 KM_2 线圈通电，主轴电动机进入到反接制动状态，主轴电动机迅速停车。这时可以转动变速操作盘（孔盘），选择所需转速，然后将变速手柄推回原位。若手柄可以推回原处（复位），则行程开关 SQ_4 复位，此时无论是否压下行程开关 SQ_6，主轴电动机 M_1 都是以低速启动，便于齿轮啮合。然后过渡到新设定的转速下运行。若因顶齿而使手柄无法推回时 SQ_4 不能复位，此时 SQ_6 被压下则输入信号 I1.2 有效，并通过与其串联的输入信号 I2.0 常闭接点，使输出信号 Q0.0 接通，控制接触器 KM_1 通电，主轴电动机 M_1 瞬间得电。当主轴电动机的转速达到 120r/min 时，KS_{1-1} 触点断开，输入信号 I1.7 复位，输出信号 Q0.0 断开，接触器 KM_1 断电，产生冲动，使齿轮在冲动过程中很快啮合，手柄推回原位 SQ_4 复位，此时变速冲动结束。主轴变速调整结束后，按新设定的转速重新启动运行。

2）快速移动电动机 M_2 的控制

（1）将快速移动手柄扳到"正向"位置，压下 SQ_8，输入信号 I1.4 有效，使输出信号 Q0.5 接通，控制接触器 KM_6 通电，快速移动电动机 M_2 正转，拖动有关部件快速移动。将手柄扳到中间位置，SQ_8 复位，输入信号 I1.4 复位，使输出信号 Q0.5 断开，接触器 KM_6 断电，快速进给电动机 M_2 停止运行。

（2）将快速移动手柄扳到"反向"位置，压下 SQ_9，输入信号 I1.5 有效，使输出信号 Q0.6 接通，控制接触器 KM_7 通电，快速移动电动机 M_2 反转，拖动有关部件快速移动。将手柄扳到中间位置，SQ_9 复位，输入信号 I1.5 复位，使输出信号 Q0.6 断开，接触器 KM_7 断电，快速进给电动机 M_2 停止运行。

3）过载保护

当主轴电动机出现过载时，输入信号 I2.0 断开，其相应的接点动作，切断所有的输出信号，主轴电动机停止运行，达到过载保护的目的。

4）过载显示控制

当主轴电动机出现过载时，输入信号 I2.0 断开，其相应的常闭接点复位，输出信号 Q0.7 接通，控制故障指示灯点亮，提醒维修人员设备出现故障。

5）其他辅助控制

主轴箱、工作台与主轴机动进给互锁。为防止工作台、主轴箱自动快速进给和主轴进给同时机动，损坏机床或刀具，通过两个关联的限位开关 SQ_1 和 SQ_2 来实现。主轴进给时手柄压下 SQ_1，工作台进给时手柄压下 SQ_2。两限位开关的常闭触点都断开，输入信号 I0.5 和 I0.6 都为 OFF，所有控制接触器的输出信号都断开，电动机 M_1 和 M_2 都不能运行，达到保护的目的。

■ 5.8.4　技能拓展

对于 T68 型卧式镗床的改造来说，在保持原有功能的基础上，并对继电器控制电路不合理的内容加以完善。在本实例中考虑实际问题增加了主轴电动机高、低速绕组换接时间的保护以免造成短路。增加主轴箱、工作台与主轴机动进给互锁。考虑工程实际问题，应将停止信号、热继电器过载保护、SQ_1 及 SQ_2 具有保护功能的信号都选择了常闭接点，不会因触点接触不良，而导致设备不能停止，以免造成严重的后果。另外向读者建议可以增加一个主轴工作状态的选择开关，用于区分主轴是连续还是点动，避免人为的误操作。

5.9　M7130K 平面磨床

M7130K 平面磨床是卧轴矩形工作台式。主要由床身、工作台、电磁吸盘、砂轮箱（又称"磨头"）、滑座和立柱等部分组成。其外形图如图 5-46 所示。

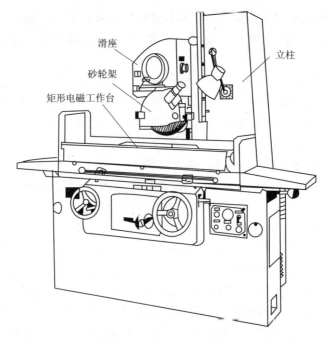

图 5-46　M7130K 平面磨床外形图

（图中标注：滑座、砂轮架、矩形电磁工作台、立柱）

　　主运动是砂轮的旋转运动。进给运动有垂直进给（滑座在立柱上的上、下运动）；横向进给（砂轮箱在滑座上的水平移动）；纵向运动（工作台沿床身的往复运动）。工作时，砂轮作旋转运动并沿其轴向作定期的横向进给运动。工件固定在工作台上，工作台作直线往返运动。矩形工作台每完成一次纵向行程时，砂轮作横向进给，当加工整个平面后，砂轮作垂直方向的进给，以此完成整个平面的加工。

　　磨床的砂轮主轴一般并不需要较大的调速范围，所以采用笼型异步电机动拖动。为达到缩小体积、结构简单及提高机床精度，减少中间传动，采用装入式异步电动机直接拖动砂轮，这样电动机的转轴就是砂轮轴。

　　由于平面磨床是一种精密机床，为保证加工精度采用液压传动。采用一台液压泵电动机，通过液压装置以实现工作台的往复运动和砂轮横向的连续与断续进给。

　　为在磨削加工时对工件进行冷却，需采用冷却液冷却，由冷却泵电动机拖动。为提高生产率及加工精度，磨床中广泛采用电动机拖动，使磨床有最简单的机械传动系统。所以 M7130K 平面磨床采用三台电动机：砂轮电动机、液压泵电动机和冷却泵电动机分别进行拖动。

　　基于上述拖动特点，对其自动控制有如下要求：

　　（1）砂轮电动机、液压泵电动机和冷却泵电动机都只要求单方向旋转。

（2）冷却泵电动机随砂轮电动机运转而运转，但冷却泵电动机不需要时，可单独断开冷却电动机。

（3）具有完善的保护环节：各电路的短路保护，电动机的长期过载保护、零压保护、电磁吸盘的欠电流保护、电磁吸盘断开时产生高电压而危及电路中其它电气设备的保护等。

（4）保证在使用电磁吸盘的正常工作时和不用电磁吸盘在调整机床工作时，都能开动机床各电动机。但在使用电磁吸盘的工作状态时，必须保证电磁吸盘吸力足够大，才能开动机床各电动机。

（5）具有电磁吸盘吸持工件、松开工件，并使工件去磁的控制环节。

（6）必要的照明与指示信号。

■5.9.1 M7130K 型平面磨床电气控制系统分析

1. M7130K 型平面磨床主电路分析

M7130K 型平面磨床电气控制原理图如图 5-47 所示，三相交流电源由转换开关 QS_1 引入，冷却泵电动机 M_2 采用插接件 XP_1 连接，与砂轮电动机 M_1 一起，均采用直接启动，由接触器 KM_1 控制其启动和停止，并采用热继电器 FR_1 和 FR_2 作长期过载保护。液压泵电动机 M_3 也采取直接启动，由接触器 KM_2 控制其启动与停止，采用热继电器 FR_3 作长期过载保护。三台电动机共同用熔断器 FU_1 作短路保护。

2. M7130K 型平面磨床控制电路分析

（1）控制电路电源。控制电路从 FU_1 下引出交流 380 V 电压作为控制电源，采用熔断器 FU_2 作短路保护。

（2）电磁吸盘控制电路。电磁吸盘控制电路由整流装置、控制装置及保护装置等部分组成。

①电磁吸盘的充磁控制。转换开关 SA_2 的触点 16-18 和 17-20 接通，电磁吸盘 YH 线圈通电，当电磁吸盘中的电流达到一定值后，欠电流继电器 KI 才正常工作，其触点动作，从而使电磁吸盘牢牢地吸住工件，允许电动机控制电路工作，同时充磁指示发光二极管发光，指示电磁吸盘处于充磁状态。

②电磁吸盘的去磁控制。转换开关 SA_2 的触点 16-19 和 17-18 接通，电磁吸盘 YH 经 R_2（限流）通入反向电流，吸盘及工件去磁，然后将转换开关 SA_2 扳回 0 位（中间）。搬去工件后，必要时，还可以用交流去磁器对工件进一步去磁。

③欠流保护。电磁吸盘线圈电流过小（吸力下降），KI 复位，其常开触点断开，KM_1、KM_2 线圈断电，砂轮及液压泵停止工作。

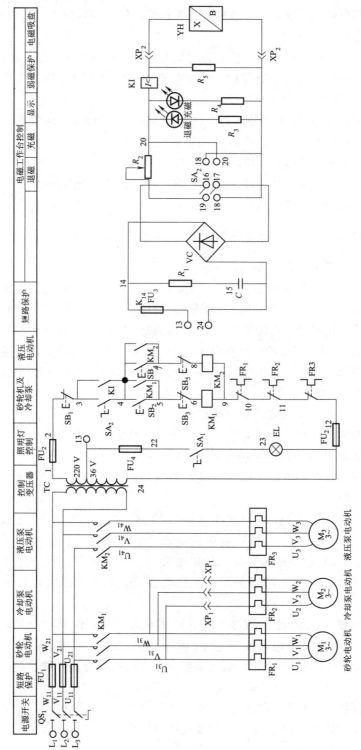

图 5-47 M7130K 平面磨床电气控制原理图

④其他保护。R_1、C 用作阻容吸收装置，用作过压保护；R_5 用于 YH 的续流保护。

（3）电动机控制电路。

①砂轮及冷却泵电动机（M_1 和 M_2）的主电路：连接水泵插接头，接上时，KM_1 同时控制 M_1、M_2 启停。热继电器 FR_1、FR_2 作过载保护。

砂轮及冷却泵电动机（M_1 和 M_2）的控制电路：在各台电动机不过载（$FR_1 \sim FR_3$），以及电磁吸盘通电吸附时，电流继电器 KI 处于正常工作状态。SB_2、SB_3、KM_1 构成 M_1、M_2 启停控制电路。磨床调整时，在电磁吸盘不工作、欠流继电器 KI 常开触点不工作时，此时需将开关 SA_2 的位置选择在中间位置，其触点将 KI 的常开触点短接，可以控制各台电动机的启停。按钮 SB_1 为总停按钮，其常闭触点接入控制电路，当被按下时切断整个控制电路。

②液压泵电动机 M_3 的主电路。KM_2 控制 M_3 的启停。热继电器 FR_3 作过载保护。液压泵电动机 M_3 的控制电路：SB_4、SB_5、KM_2 构成液压泵电动机 M_3 启停控制电路。

■ 5.9.2　改造 M7130K 型平面磨床 PLC 控制系统的设计

1. M7130K 型平面磨床的控制要求

分析 M7130K 型平面磨床电路图，确定其控制要求如下：

（1）冷却泵电动机随砂轮电动机运转而运转，但冷却泵电动机不需要时，可单独断开冷却泵电动机。

（2）具有完善的保护环节：各电路的短路保护，电动机的长期过载保护，零压保护，电磁吸盘的欠电流保护，电磁吸盘断开时产生高电压而危及电路中其他电气设备的保护等。

（3）保证在使用电磁吸盘正常工作时和不用电磁吸盘在调整机床工作时，都能开动机床各电动机。但在使用电磁吸盘的工作状态时，必须保证电磁吸盘吸力足够大时，才能开动机床各电动机。

（4）具有电磁吸盘吸持工件、松开工件、并使工件去磁的控制环节。

（5）必要的照明与指示信号。

2. M7130K 型平面磨床 PLC 电气控制系统的设计

（1）M7130K 型平面磨床 PLC 控制系统的主电路的设计。对于 M7130K 型平面磨床的主拖动回路来说，应保留原功能；而对于照明电路，其电路结构简单，可直接由外部电路控制，这样不但能省 PLC 的输入、输出点数，还可以降低故障率，故将照明电路给予保留；而对于电磁吸盘的充磁和去磁控制回路进行重新设计，采用接触器实现其控制，改造后控制系统的电动机、

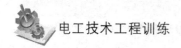

照明电路和电磁吸盘控制电路如图 5-48 所示。

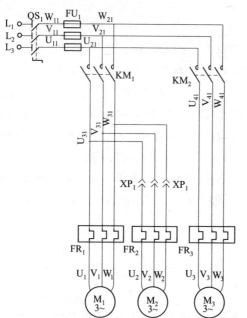

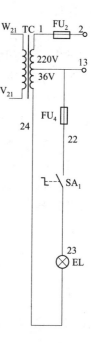

（a）控制系统的电动机控制电路　　　　　　　　（b）照明电路

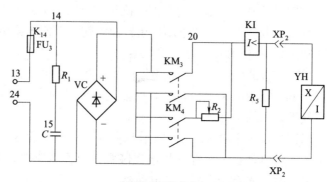

（c）控制系统的电磁吸盘控制电路

图 5-48　M7130K 型平面磨床控制系统的电动机、照明电路及电磁吸盘电路

■5.9.3　项目引入：PLC 硬件电路设计

根据 M7130K 型平面磨床电气控制系统列出 PLC 的输入/输出点，并为其分配了相应的地址，其 I/O 分配表如表 5.12。在确定 I/O 点时，考虑到维修的方便，增加电动机过载保护的显示指示灯。

表 5-12　M7130K 型平面磨床 PLC 硬件控制系统 I/O 分配表

输入信号			输出信号		
名称	代号	编号	名称	代号	编号
总急停按钮	SB$_1$	I0.0	M 控制接触器	KM$_1$	Q0.0
M$_1$ 启动按钮	SB$_2$	I0.1	M$_3$ 控制接触器	KM$_2$	Q0.1
M$_1$ 停止按钮	SB$_3$	I0.2	电磁吸盘充磁	KM$_3$	Q0.2
M$_2$ 启动按钮	SB$_4$	I0.3	电磁吸盘去磁	KM$_4$	Q0.3
M$_2$ 停止按钮	SB$_5$	I0.4	砂轮电机过载指示	HL$_1$	Q0.4
电磁吸盘充磁	SA$_{2-1}$	I0.5	冷却电机过载指示	HL$_2$	Q0.5
电磁吸盘调整	SA$_{2-2}$	I0.6	液压电机过载指示	HL$_3$	Q0.6
电磁吸盘去磁	SA$_{2-3}$	I0.7	充磁工作指示灯	HL$_4$	Q0.7
M$_1$ 过载保护	FR$_1$	I1.0	去磁工作指示灯	HL$_5$	Q1.0
M$_2$ 过载保护	FR$_2$	I1.1	调整工作指示灯	HL$_6$	Q1.1
M$_3$ 过载保护	FR$_3$	I1.2			
欠电流继电器 KI	KI	I1.3			

根据 M7130K 型平面磨床 PLC 的 I/O 分配表及控制要求，设计 PLC 硬件接线原理图如图 5-49 所示。

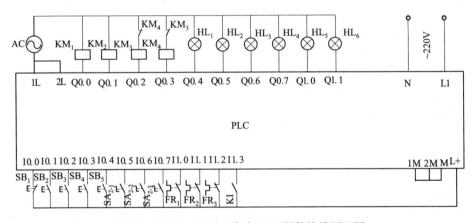

图 5-49　M7130K 平面磨床 PLC 硬件接线原理图

■5.9.4　项目实施

在仔细阅读与分析 M7130K 平面磨床的继电器控制电路工作组原理的基础上，确定输入信号与输出信号之间的逻辑关系及各个电动机控制条件。对于 M7130K 平面磨床的改造来说，应考虑砂轮机、液压泵和电磁吸盘三个被控对象是相互独立的，控制时应加必要的联锁，同时还应考虑到砂轮机、液

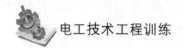

压泵有调整的工作状态。在保持原有功能的基础上对继电器控制电路不合理的内容加以完善，并增加保护环节，提高机床工作的可靠性。

根据控制要求设计的控制梯形图，如图 5-50 所示。

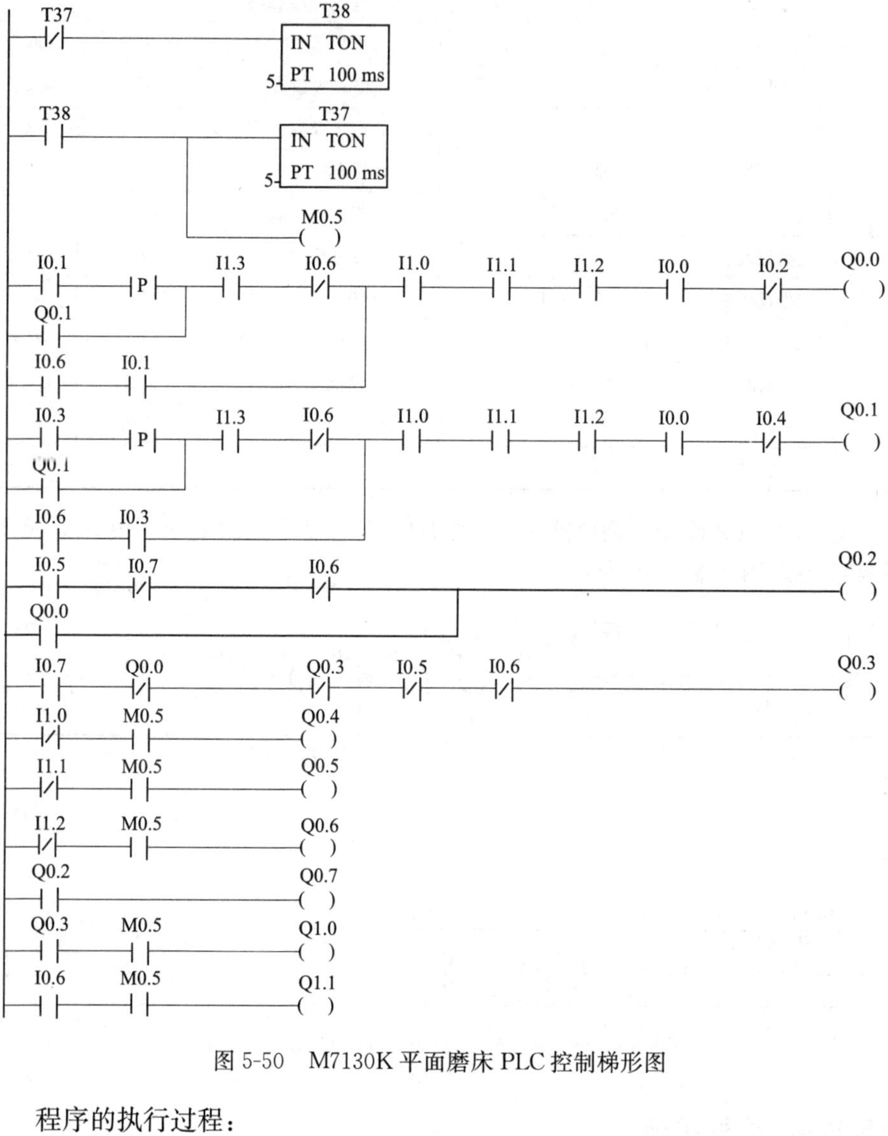

图 5-50　M7130K 平面磨床 PLC 控制梯形图

程序的执行过程：

1. 砂轮机控制

当砂轮需要启动时，按下按钮 SB₂，输入信号 I0.1 接通为 ON，使输出信号 Q0.0 为 ON，控制接触器 KM₁ 通电，砂轮电动机启动运行。需要停止时按下砂轮电动机停止按钮 SB₃，输入信号 I0.2 有效为 ON，使输出信号 Q0.0

复位，接触器 KM_1 断电，砂轮电动机 M_1 停止运行。根据工艺要求，当冷却泵过载时不允许再进行加工，冷却泵过载时，输入信号 I1.1 断开，也能使输出信号 Q0.0 复位，接触器 KM_1 断电，控制砂轮电动机停止运行，实现对电动机的过载保护。需要停止时也可以按下总停按钮 SB_1，输入信号 I0.0 断开，输入信号 I0.0 变为 OFF，使输出信号 Q0.0 复位，接触器 KM_1 断电，砂轮电动机 M_1 停止运行。

2. 冷却泵控制

根据加工工艺要求，若此时需要冷却，可将冷却泵插头接通，当砂轮电动机运行后，冷却泵电动机 M_2 也随着砂轮电动机工作同时通电开始运行。需要停止时冷却泵插头断开，冷却泵电动机 M_2 停止运行。根据工艺要求当冷却泵过载时不允许再进行加工，冷却泵过载时，输入信号 I1.1 断开，使输出信号 Q0.0 复位，接触器 KM_1 断电，控制砂轮电动机断电，冷却泵电动机 M_2 也随着电动机 M_1 的停止而停止运行。

3. 液压泵电动机控制

按下液压泵电动机启动按钮 SB_4，输入信号 I0.3 有效，使输出信号 Q0.2 为 ON，控制接触器 KM_2 吸合，液压泵电动机启动运行；需要停止时，按下液压泵电动机停止按钮 SB_5，输入信号 I0.4 接通，使输出信号 Q0.1 为 OFF，液压泵电动机接触器 KM_3 释放，液压泵电动机停止运行。当液压泵过载时，输入信号 I1.3 断开，也能使输出信号 Q0.1 复位，接触器 KM_2 断电，控制液压泵电动机停止运行。需要停止时也可以按下总停按钮 SB_1，输入信号 I0.0 断开，输入信号 I0.0 变为 OFF，使输出信号 Q0.1 复位，接触器 KM_2 断电，液压泵电动机 M_3 停止运行。

4. 过载保护

当砂轮电动机、冷却泵电动机和液压泵电动机有一台出现过载时，输入信号 I1.0 或 I1.1 或 I1.2 断开，其相应的接点动作使输出 Q0.0 和 Q0.1 断开，电动机停止运行，达到过载保护的目的；同时其相应的接点动作使输出 Q0.4、Q0.5 和 Q0.6 接通，故障指示灯闪烁，提醒维修人员设备出现故障。

5. 电磁吸盘的充磁控制

将开关 SA_2 转至充磁位置上，输入信号 I0.5 有效，输出信号 Q0.2 为 ON，控制电磁吸盘充磁接触器 KM_3 通电，控制电磁吸盘充磁；同时输出信号 Q1.0 为 ON，控制发光二极管 VD_1 指示电磁吸盘处于充磁状态，此时电流继电器正常工作，其相应触点闭合，输入信号 I1.3 有效，由控制程序可知，可控制 M_1、M_2 和 M_3 正常启停。

6. 电磁吸盘的去磁控制

将开关 SA_2 转至去磁位置上，输入信号 I0.7 有效，输出信号 Q0.3 为

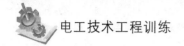

ON 控制电磁吸盘去磁接触器 KM$_4$ 通电,控制电磁吸盘去磁;同时输出信号 Q1.1 为 ON,控制发光二极管 VD$_2$ 指示电磁吸盘处于去磁状态,此时将电阻 R$_2$ 串接到电磁吸盘回路中,欠电流继电器因回路电流过小,使欠电流继电器无法正常工作,其相应触点也不闭合,输入信号 I1.3 的状态为 OFF,由控制程序可知,此时只能对工件进行去磁,电动机 M$_1$、M$_2$ 和 M$_3$ 无法工作,即机床在去磁位置上不能进行加工。

7. 电磁吸盘的调整控制

将开关 SA$_2$ 转至中间位置上,输入信号 I0.6 有效,此时机床处于调整状态,输出信号 Q1.3 为 ON,控制指示灯 HL$_6$ 闪烁,指示电磁吸盘处于调整状态,此时电流继电器不工作,但为了调整工件,工作台和砂轮机可以点动控制,机床在此位置上不允许正常进行加工。

8. 其他辅助控制

(1) 联锁保护。当砂轮机工作时,控制砂轮机输出的信号 Q0.0 的常闭接点将去磁输出信号 Q0.2 断开,防止误操作发生危险。

(2) 在机床调整位置上,实现砂轮机和工作台的点动控制,切断其连续运行的控制程序。

(3) 在充磁和去磁的控制回路中,增加了互锁触点,防止直流电源发生短路。

■5.9.5 技能拓展

对于 M7130K 型平面磨床的改造来说,在保持原有功能的基础上,并对继电器控制电路不合理的内容加以完善。在本实例中考虑实际问题增加了砂轮机电动机与去磁控制的联锁保护,二者操作是两个独立的部分,防止在加工过程中去磁而造成危险。为了增加电磁吸盘的工作可靠性,将原来的开关控制改为接触器控制。同时考虑工程实际问题,将总停信号和热继电器过载保护的常开接点,对应地改为常闭接点以避免出现紧急情况,不会因触点接触不良,而导致设备不能停止,造成更严重的后果。

第6章

智 能 家 居

6.1 智能家居概论

6.1.1 智能家居定义及起源

智能家居概念的起源很早，但一直未有具体的建筑案例出现，直到 1984 年美国联合科技公司将建筑设备信息化、整合化概念应用于美国康涅狄格州哈特佛市的 City Place Building 时，才出现了首栋的"智能型建筑"，从此揭开了全世界争相建造智能家居的序幕。

智能家居又称智能住宅，在国外常用 smart home 表示。与智能家居含义近似的有家庭自动化（home automation）、电子家庭（electronic home、e-home）、数字家园（digital family）、家庭网络（home net/networks for home）、网络家居（network home）、智能家庭/建筑（intelligent home/building），在中国香港和台湾等地区，还有数码家庭、数码家居等称法。

智能家居让用户以更方便的手段来管理家庭设备，比如，通过触摸屏、手持遥控器、电话、互联网来控制家用设备，更可以执行情景操作，使多个设备形成联动；另外，智能家居内的各种设备相互间可以通信，不需要用户指挥也能根据不同的状态互动运行，从而给用户带来最大程度的方便、高效、安全与舒适。所谓智能家居时代就是物联网进入家庭的时代。它不仅指那些手机、平板电脑、大小家电、计算机、私家车，还应该包括吃喝拉撒睡、安全、健康、交友，甚至家具等家中几乎所有的物品和生活。其目的是让人们的家庭生活更舒适、更简单、更方便、更快乐。

智能家居是一个居住环境，是以住宅为平台安装有智能家居系统的居住环境，实施智能家居系统的过程就称智能家居集成。以住宅为平台，利用综合布线技术、网络通信技术、智能家居-系统设计方案安全防范技术、自动控

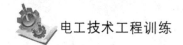

制技术、音视频技术将家居生活有关的设施集成，构建高效的住宅设施与家庭日程事务的管理系统，提升家居安全性、便利性、舒适性、艺术性，并实现环保节能的居住环境。智能家居，需要分两部分来理解，智能和家居。家居就是指人们生活的各类设备；智能是智能家居应该突出的重点，应该做到自动控制管理，不需要人为地去操作控制，并能学习当前用户的使用习惯，做到更能满足人们的需求。

■ 6.1.2 智能家居发展现状

自从 1984 世界第一个智能家居系统的问世，智能家居就在我们的未来生活中一直更新，进入 21 世纪以来，智能家居在系统和功能上有了质的飞跃，在我们传统的智能模式上，我们采用了最新的 RF 无线射频技术，把传统的有线模式的烦琐线路变得轻松自如。

智慧家居是今后家居领域发展的必然趋势，虽然市场推广才刚刚开始，但行业的竞争已经很激烈，光是宁波就有不下 5 家企业专门从事这方面开发。制造企业在产业调整和转型中，都需要运用到大数据。今后，数据将成为推动社会进步的第四生产力。市场潜力巨大，同时，智慧家居所依托的大数据分析，也是传统制造企业转型升级的重要途径。比尔·盖茨是国外第一个使用智能家居的家庭，至今快有 30 年的历史了，智能家居控制系统也逐渐走进大家的视野。这两年随着 WiFi 的普及，无线智能家居逐渐取代了有线产品，在无线领域国内并不落后于国外，同样使用最新 zigbee 智能家居，但目前国内智能家居虽有潜力但发展缓慢，人们的消费观和消费能力并不充分。根据《中国智能家居设备行业发展环境与市场需求预测分析报告前瞻》分析，目前我国智能家居产品与技术的百花齐放，市场开始明显出现低、中、高不同产品档次的分水岭，行业进入快速成长期。面对中国庞大的需求市场，预计该行业将以极快的速率增长。

6.2 智能家居应用

智能家居系统的组成包括：

（1）始终在线的网络服务，与互联网随时相连，为在家办公提供了方便条件。

（2）安全防范：智能安防可以实时监控非法闯入、火灾、煤气泄露、紧急呼救的发生。一旦出现警情，系统会自动向中心发出报警信息，同时启动相关电器进入应急联动状态，从而实现主动防范。

（3）家电的智能控制和远程控制，如对灯光照明进行场景设置和远程控制、电器的自动控制和远程控制等。

（4）交互式智能控制：可以通过语音识别技术实现智能家电的声控功能；通过各种主动式传感器（如温度、声音、动作等）实现智能家居的主动性动作响应。

（5）环境自动控制：如家庭中央空调系统。

（6）提供全方位家庭娱乐：如家庭影院系统和家庭中央背景音乐系统。

（7）现代化的厨卫环境：主要指整体厨房和整体卫浴。

（8）家庭信息服务：管理家庭信息及与小区物业管理公司联系。

（9）家庭理财服务：通过网络完成理财和消费服务。

（10）自动维护功能：智能信息家电可以通过服务器直接从制造商的服务网站上自动下载、更新驱动程序和诊断程序，实现智能化的故障自诊断、新功能自动扩展。

智能家居应用

6.3　智能家居实训项目

6.3.1　系统连接

在智能家居工程施工当中，系统连接应采用如图 6-1 所示的手拉手连接方式，采用星型连接会造成系统工作不稳定，通信不正常，所以要杜决星型和分叉型的连接。

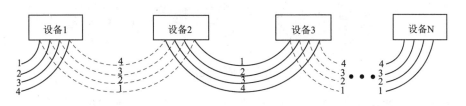

图 6-1　手拉手连接方式

网线的制作方式对网络传输速度的影响是非常大的，如果不按照正规的标准制作，那么来自网线自身的背景噪声以及内部串扰就会降低网络传输速度。

接线端线序定义见表 6-1。

表 6-1   接线端线序定义

COM	→	公共端	橙白/棕白
DATA−	→	信号−	蓝白/绿白
DATA+	→	信号+	蓝/绿
DC 24 V	→	提供 24 V 电源	橙/棕

在接线时要注意，单条总线不能接入超过 64 个设备。单条总线内传输距离最远为 1 000 m。

485 信号线不得走强电槽或是强电线管．如因环境所限，要平行走线，则间隔 50 cm 以上。

连接示意图如图 6-2 所示。

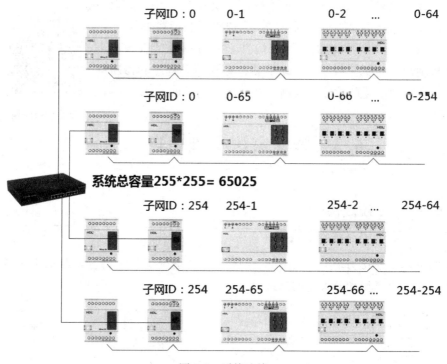

图 6-2   系统连接

6.3.2   编程准备

在编程前必须将电脑连入智能家居所在无线 WiFi，如"znjj"等，并确认交换机设备和你的电脑的 IP 在同一个网段。

例如：前三位 192.168.10 是一样，最后一位设置一个没有使用的 IP，如图 6-3 所示。

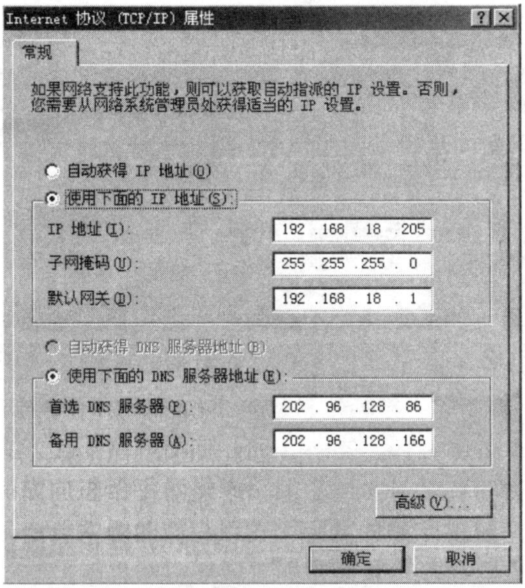

图 6-3　"Internet 协议（TCP/IP）属性"对话框

将软件打开，界面如图 6-4 所示。

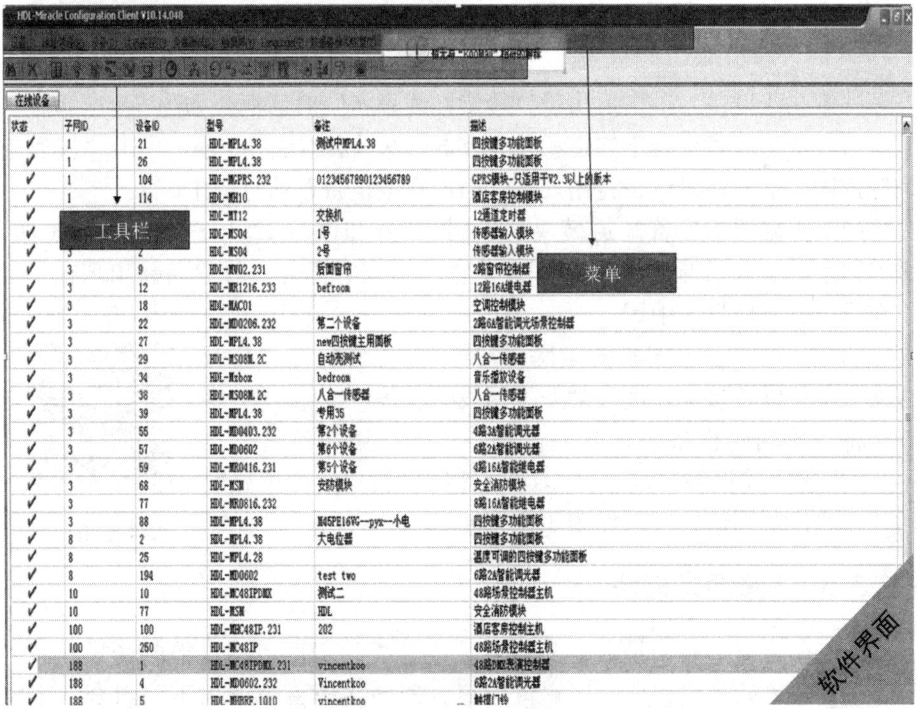

图 6-4　软件编程界面

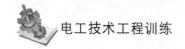

打开查找设备界面，如图 6-5 所示。

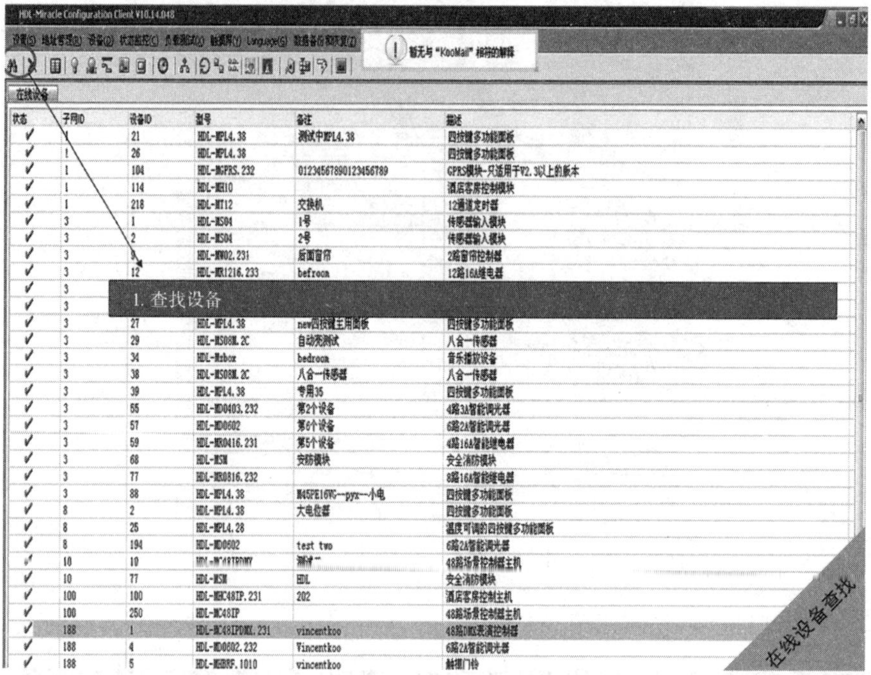

图 6-5　打开查找设备界面

搜索在线设备，单击后出现"搜索在线设备"对话框，如图 6-6 所示。

（1）快速搜索：若不知道模块的子网 ID 号和设备 ID 号，单击"快速查询"按键，全部在线设备将出现在"当前在线设备"信息区中。

（2）手动添加：若知道模块的子网 ID 号和设备 ID 号，在"手动添加"文本框中，输入子网 ID 和设备 ID，单击"添加"按钮，该设备将出现在"当前在线设备"信息区中。

（3）子网：设置搜索的子网 ID 号，设置之后在"高级搜索"中可以直接选择搜索某个子网段的设备。

将查找到的设备添加到主界面：单击"添加所有"按钮，"当前在线设备"信息区中的设备将添加到软件主界面的"在线设备"信息区，如图 6-7 所示。

软件使用介绍

■ 6.3.3　4 路调光模块

调光器是每个照明控制系统的主要功能模块，可以储存控制场景，通过 HDL-Miracle 软件编程后，用户可以很方便地在面板中调出不同组合、不同明暗的灯光效果，以满足实际的照明需求。同时，当系统因外在因素掉电后，恢复通电时将会自动恢复掉电前的场景或是用户指定的场景。调光模块还具有序列的功能，它可以使照明控制和照明效果更加丰富多彩。

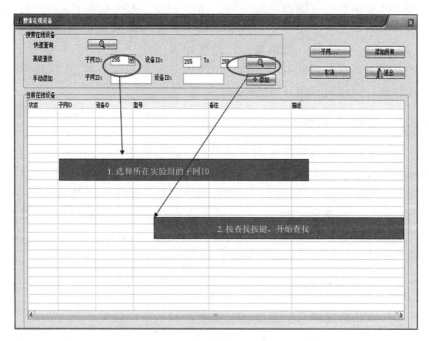

图 6-6 "搜索在线设备"对话框

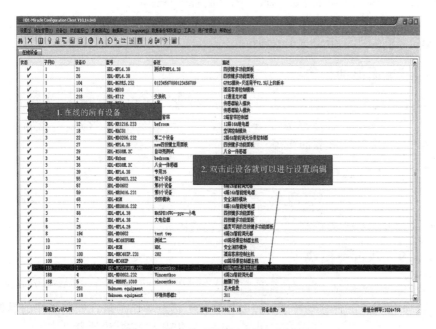

图 6-7 将查找到的设备添加到主界面

177

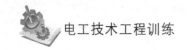

6.3.4　4路继电器

继电器模块都可以储存控制场景，通过 HDL-Miracle 软件编程后，用户可以很方便地在面板中调出不同的开关组合。可以控制不可调光灯具、电器电源等电气设备的电源。继电器也可设置序列的功能，它可以设置继电器在指定的时间内做吸合或断开的动作，可设置若干个步骤，以及步骤的间隔时间。该功能可以起到时序开关的作用。

6.3.5　窗帘控制器模块

二路窗帘控制器是窗帘专用控制模块，通信采用 485 总线方式，它配合智能照明控制系统的其他设备可实现窗帘智能化控制，包括面板按键控制、红外遥控、定时控制、环境感应自动控制、远程控制等，另外其本身也可以用按键直接控制。窗帘模块的设置与调光器的设置一样，都有地址设置按键，长按地址设置键约 3 s 红色指示灯长亮，此时在 HDL-Miracle 系统软件中的地址管理→修改地址，读取起始地址和修改起始地址。

6.3.6　逻辑定时器模块

逻辑模块是智能照明控制系统的配套产品，可以接受系统传送来的如场景信息、回路信息、日期、星期、时间、外部输入状态、外部输入值等一系列条件，通过对逻辑表关系的设定来控制各种目标。

逻辑表有与、或、与非、或非四种逻辑关系，逻辑定时器功能强大，性能稳定，在照明系统中占重要地位。

6.3.7　液晶面板模块

作为智能控制终端，面板可以控制调光器、继电器、窗帘、发送 GPRS 信息、安防模块、音乐播放器等多种设备，面板的种类包括触摸玻璃面板、智能面板、多功能液晶面板等。

6.3.8　MS04 传感器输入模块

MS04 传感器输入模块最多可连接 4 个开关，与多功能控制面板类似，根据这 4 个开关状态去控制每个开关所设置的目标。

6.3.9　八合一模块

八合一传感器是一种多功能控制模块，可作为发射器发射红外信号和接收红外信号，可设置红外移动传感、照度传感、干接点等作为条件控制受控的目标。与安防模块配合使用，当感应到煤气、火灾等情况时对安防模块发出信息。

附录一

S7-200PLC 的主机模块

S7-200PLC 的主机模块是将一个微处理器、一个集成电源和一定数量的数字 I/O 端子集成封装在一个独立、紧凑的装置中，从而形成一个功能强大的微型 PLC。由于该主机模块中封装了负责执行程序和存储数据的微处理器，常被称之为 CPU 模块。

打开 CPU 模块的顶部端子盖可看到电源及输出端子，CPU 模块通过电源端子获得工作电源。S7-200PLC 可接受 110/230 V 交流或 24 V 直流电源作为工作电源，需要注意的是，一个 CPU 模块的电源只能接交流或直流电源。打开 PLC 底部端子盖，可看到输入端子及传感器电源。输入端子和输出端子是系统的控制点，输入部分从现场设备中采集信号，输出部分则控制继电器、电动机及工业过程中的其他设备。

在前盖下有 PLC 的工作模式选择开关、电位器和扩展 I/O 连接端口。PLC 有 RUN 和 STOP 两种工作模式，只有当模式选择开关置于 RUN 工作模式时，用户所编写的程序才会被执行。用户通过电位器可根据需要进行一些控制参数的输入。随着控制系统规模和功能的增加，一个 CPU 模块往往满足不了设计的需要，就可通过扩展 I/O 连接端口进行扩展（S7-200 中 CPU221 除外）。S7-200PLC 的结构如附图 1-1 所示。

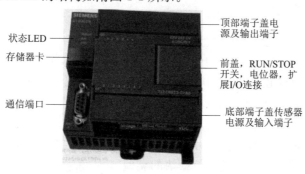

附图 1-1　S7-200PLC 的结构

　　S7-200 系列 PLC 主机型号和规格较多，可适应不同需求的控制场合，该系列的主流主机模块有 CPU221、CPU222、CPU224/CPU224XP、CPU226 等。该系列产品指令丰富、速度快、具有较强的通信能力。该系列主机模块的主要性能指标见附表 1-1。注意：S7-200 系列 PLC 的扩展单元本身没有 CPU，只能与基本单元相连接使用，用于扩展 I/O 端子数，以增强控制功能。S7-200 系列 PLC 常用 I/O 扩展单元型号及 I/O 端子数的分配见附表 1-2。

附表 1-1　S7-200 系列 PLC 主要性能指标

CPU 型号	CPU221	CPU222	CPU224	CPU224XP	CPU226
本机数字量 I/O	6DI/4DO	8DI/6DO	14DI/10DO	24DI/16DO	24DI/16DO
本机模拟量 I/O	—	—	—	2AI/1AO	—
最大数字量 I/O	6DI/4DO	40DI/38DO	94DI/82DO	94DI/82DO	128DI/120DO
最大模拟量 I/O	—	16	44	45	44
程序存储容量/B	4 096	4 096	12 288	12 288	16 384
数据存储容量/B	2 048	2 048	8 192	8 192	10 240
高速计数器通道	4（30 kHz）	4（30 kHz）	6（30 kHz）	2（200 kHz）+ 4（30 kHz）	6（30 kHz）
脉冲输出	2（20 kHz）	2（20 kHz）	2（20 kHz）	2（100 kHz）	2（20 kHz）
最大 I/O 模块数	—	2	7	7	2
最大智能模块数	—	2	7	7	2

附表 1-2　S7-200 系列 PLC 常用 I/O 扩展单元型号及 I/O 端子数的分配

类型	型号	输入端子	输出端子
数字量扩展模块	EM221	8	
	EM222	—	8
	EM223	4/8/16	4/8/16
模拟量扩展模块	EM231	3	
	EM232		2
	EM235	3	1

　　以实验室所置实验箱内 CPU226 AC/DC/继电器模块的数字量输入、输出单元的接线为例来说明 S7-200 系列 PLC 的 I/O 接线。其中 CPU226 是指该 PLC 主机的型号；AC 是指该主机的电源类型为交流；DC 是指该主机的输入模块的类型为直流，与之相对应的还有交流输入模块；继电器是指该主机输出模块的类型，数字量输出模块也有直流和交流两种类型。所以，可根据控制对象的需要进行灵活配置 I/O 模块的类型。

　　CPU226 AC/DC/继电器模块接线图如附图 1-2 所示。该 CPU 模块共有

24 个数字量输入端子和 16 个数字量输出端子。其中 24 个输入端子被分成 2 组，第 1 组由输入端子 I0.0～I0.7、I1.0～I1.4 共 13 个输入端子组成，每个外部输入的开关信号均由各输入端子接出，经一个直流电源至公共端 1M；第 2 组由输入端子 I1.5～I1.7、I2.0～I2.7 共 11 个输入端子组成，每个外部输入的开关信号均由各输入端子接出，经一个直流电源至公共端 2M。由于采用直流输入模块，则以直流电源作为检测各输入接点状态的电源，且直流电源的极性可任意设定。M、L＋两个端子提供 DC 24 V/400 mA 传感器电源，可作为传感器的电源输出，也可作为输入端的检测电源使用。16 个数字量输出端子分成 3 组，第 1 组由输出端子 Q0.0～Q0.3 共四个输出端子与公共端 1L 组成；第 2 组由输出端子 Q0.4～Q0.7、Q1.0 共 5 个输出端子与公共端 2L 组成；第 3 组由输出端子 Q1.1～Q1.7 共 7 个输出端子与公共端 3L 组成。每个负载的一端与输出端子相连，另一端经电源与公共端相连。由于是继电器输出方式，所以既可带直流负载，也可带交流负载。负载的激励源由负载的性质确定。输出端子排的左端 N、L_1 端子是供电电源 AC 输入端，该电源电压允许范围为 AC85 V～264 V。

其他规格的主机模块和扩展模块的接线与之相类似。

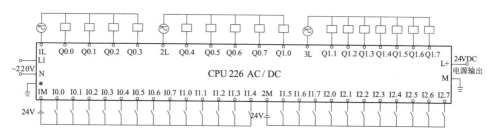

附图 1-1　CPU226 AC/DC/继电器模块接线图

附录二

S7-200（SMART）编程软件简介

F2.1 概 述

西门子 S7-200（SMART）系列可编程控制器采用 STEP7-Micro/WIN 32 电脑编程软件，它是由西门子公司专门为这种可编程控制器设计开发的。使用该软件能很方便地进行各种编程操作。目前西门子公司已经将 STEP7-Micro/WIN 32 进行了不断升级，本节将兼顾其升级版本 STEP7-Micro/WIN4.0 中文版本软件编程环境进行简要的应用介绍。

该软件功能强大，界面友好，并有方便的联机帮助功能，同时该软件还可实时监控用户程序的执行状态。为了使读者迅速掌握编程软件的基本使用方法，下面简要介绍该软件的基本操作及功能。

1. 安装软件

STEP7-Micro/WIN 电脑编程软件可以从光盘上进行安装；如果没有现成的软件，可以从西门子公司的官方网站上下载，其网址为：www.ad.siemens.com.cn。也可从百度中搜寻，可用中文汉化软件将编程界面及帮助文件汉化为中文版。具体操作如下。

运行编程软件包中的 Setup.exe 安装文件，出现如附图 2-1 所示的界面。

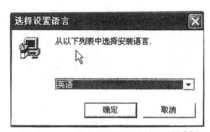

附图 2-1 "选择设置语言"对话框

在附图 2-1 所示的对话框中列出了德语、法语、西班牙语、意大利语和英语。选择"英语"选项，单击"确定"按钮后，在以后出现的对话框中依次单击 Next→Yes→Next→Next→Next→Next→程序自动安装后→"确定"按钮，出现如附图 2-2 所示的对话框。单击 Finish 按钮，完成英文版的安装。

完成了英文版的安装后，选择汉化软件或升级软件将其汉化或升级。

附图 2-2　Setup Complete 对话框

2. 设置通讯参数

将可编程控制器与电脑用 PC/PPI 电缆线进行连接后，单击电脑桌面上的图标。运行 STEP7-Micro/WIN 电脑编程软件，出现如附图 2-3 所示的界面。

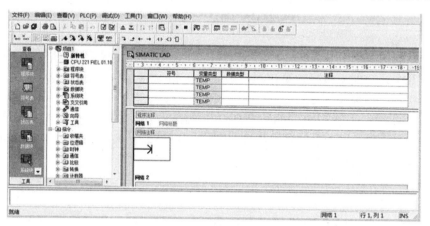

附图 2-3　设置通讯参数

单击"检视/通讯"菜单，出现"通讯设定"对话框。

双击"通讯设定"对话框中的 PC/PPI 电缆图标，出现 PG/PC 接口的对话框，可设置或删除通讯接口及检查通讯接口参数等。一般情况下，选择远程设备站地址为 2；通讯波特率为 9.6 kb/s；采用 PC/PPI 电缆通讯和 PPI 协

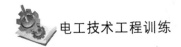

议。然后双击"通讯设定"对话框中的"刷新"图标，编程软件将检查所连接的所有 S7-200 CPU 站，并为每个站建立一个 CPU 图标。设置好的通讯可连同程序块一起传送到 PLC 的主机中。

3. 编程软件的主要功能

STEP7-Micro/WIN 电脑编程软件的主界面如附图 2-4 所示。

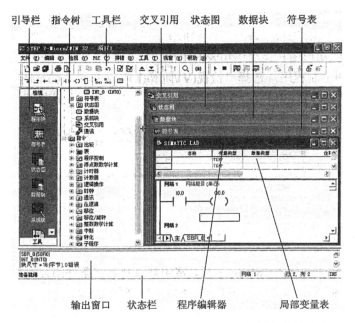

附图 2-4　STEP7-Micro/WIN 电脑编程软件的主界面

从附图 2-4 中可以看出，STEP7-Micro/WIN 电脑编程软件的主界面分为以下几个区，即工具栏、菜单栏、引导栏、指令树、输出窗口、状态栏、程序编程器、局部变量表等。

（1）工具栏。STEP7-Micro/WIN 电脑编程软件共有 38 个工具栏。它为最常用的 STEP7-Micro/WIN 操作提供了便利的鼠标操作访问。用户可以单击"检视/工具栏"菜单，更改工具栏的内容。

（2）菜单栏。STEP7-Micro/WIN 电脑编程软件有 8 个主菜单：文件（F）、编辑（E）、检视（V）、PLC（P）、排错（D）、工具（T）、视窗（W）、帮助（H）。

（3）引导栏。引导栏包括"程序块""符号表""状态图""数据块""系统块""交叉引用"和"通讯"共 7 个组件。这 7 个组件可以通过单击引导栏中相应的图标来进行开、关切换，也可以单击主菜单中的"检视/（符号表、状态图、数据块、系统块、交叉引用、通讯）"选择各项目。

（4）指令树。所谓指令树，就是将 PLC 所有的编程指令分别用分支的形式列出来，有利于用户快速编程。因它有似于树的形式，所以叫指令树。

（5）输出窗口。输出窗口用于显示程序当前编译的结果信息。

（6）状态栏。状态栏用于显示软件的执行和运行状态。在进行程序编辑时，用于显示当前的网络号（也称逻辑行）、行号、列号；运行时，可显示PLC运行状态、通讯波特率、远程地址等。

（7）程序编辑器。程序编辑器用于编写用户程序，如梯形图、指令语句表、功能图表等。在联机状态下，从PLC上安装用户程序进行编辑和修改。

（8）局部变量表。局部变量表用于程序编程时子程序中的参数传递等。

4．快速使用 STEP7-Micro/WIN 电脑编程软件

1）编制程序

在 STEP7-Micro/WIN 编程软件下进行程序的编制，可用梯形图、指令语句表和功能图表。由于功能图表用得比较少，且梯形图、指令语句表和功能图表都可相互转换，因此在这里主要说明梯形图和指令语句表的用法。

（1）用梯形图编制程序。选择"检视（V）/阶梯（L）"菜单进入梯形图编程器。

①选择"检视（V）/工具栏/指令（I）"菜单，将"指令"工具条打开，如附图 2-5 所示。

附图 2-5 "指令"工具条

在附图 2-5 中，从左至右各工具条的意义为：下行线、上行线、左行线、右行线、输入触点、输入线圈、输入指令盒、插入网络、删除网络。

②输入触点。凡在梯形图中的常开、常闭触点及其他条件闭合或断开的触点，均由输入触点工具条来输入。按下输入触点工具条，将出现如附图 2-6所示的触点选择框。

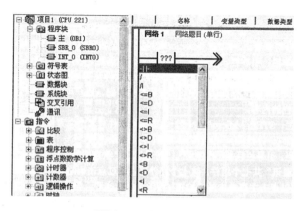

附图 2-6 触点选择框

在附图 2-6 所示的选择框中列出了各种各样的触点，用户可从中选择所需要的触点。另外，各种触点也可以通过从指令树中单击位逻辑和比较项获取所需要的触点。

③输入线圈。凡在梯形图中各种各样的线圈，均由输入线圈工具条来输入。按下输入线圈工具条，将出现如附图 2-7 所示的线圈选择框。

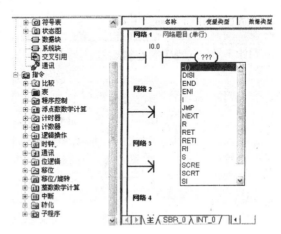

附图 2-7　线圈选择框

在附图 2-7 所示的选择框中列出了各种各样的线圈，用户可从中选择所需要的线圈。

另外，各种线圈也可以通过从指令树中单击及程序控制、位逻辑和中断项获取所需要的线圈。

④输入指令盒。凡在梯形图中各种各样的指令盒，均由输入指令盒工具条来输入。按下输入指令盒工具条，将出现附图 2-8 所示的选择框。

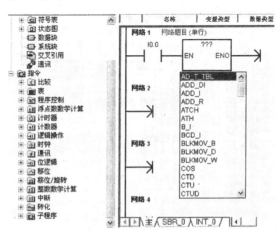

附图 2-8　指令盒选择框

在附图 2-8 所示的选择框中列出了各种各样的指令盒，用户可从中选择所需要的指令盒。例如：计时器、计数器、加法指令、减法指令、移位指令、传送指令等。指令盒的输入也可以从指令树的有关项中获取。

选择好了所需的指令盒后，还需对所选的指令参数进行设置。

（2）用指令语句表编制程序。选择"检视（V）/STL（S）"菜单进入指令语句表编程器，如附图 2-9 所示。

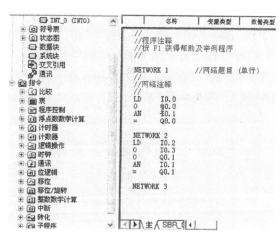

附图 2-9　指令语句表编程器

在附图 2-9 所示的指令语句表编程器中，可从键盘上直接输入指令。注意，每输入完一个网络后，应空一行，键入下一网络号后，才能输入后一网络的指令，否则会出错。附图 2-9 中指令语句表的程序转化为梯形图，如附图 2-10所示。

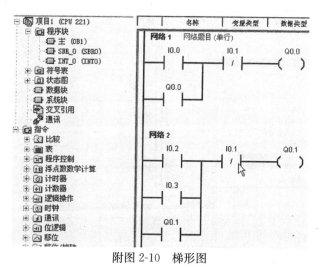

附图 2-10　梯形图

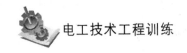
2）程序下载

程序编制完毕后，可选择"PLC（P）/全部编译（A）"菜单，对所编程序进行编译。如果程序存在错误，编译完毕后会在输入窗口中显示程序中错误的数量、原因及位置等。将错误程序改正后，即可进行程序的下载。

所谓程序的下载，是指将所编制的用户程序从电脑中输入至 PLC 中。其步骤为：将 PLC 的方式开关扳至 STOP 方式，或单击工具栏中的停止按钮，使 PLC 处于 STOP 方式。

选择"PLC（P）/清除（L）"菜单，出现"清除"对话框，单击"全部清除"按钮，即可将 PLC 存储器中原有的程序清除干净。

选择"文件（F）/下载（D）"菜单或单击下载工具栏，出现"下载"对话框，可选择"程序块""数据块""系统块"，然后单击"确认"按钮即可。

F2.2　编程软件菜单

STEP7-Micro/WIN 电脑编程软件中，梯形图编程器、指令语句表编程器和功能图表编程器中的操作菜单是一样的，因此，只需掌握任一界面的菜单即可。STEP7-Micro/WIN 电脑编程软件的主菜单有文件菜单、编辑菜单、检视菜单、PLC 菜单、排错菜单、工具菜单、视窗菜单、帮助菜单。

■ F2.2.1　文件菜单

文件菜单如附图 2-11 所示。

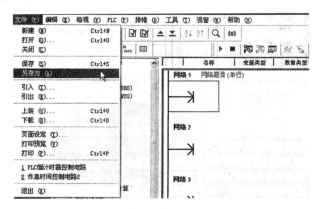

附图 2-11　文件菜单

各子菜单的功能如下：

（1）新建：创建一个新的 PLC 程序文件。

（2）打开：从目标文件列表中打开一个程序文件。

（3）关闭：关闭当前编辑的程序文件。

（4）保存：保存当前正在编辑的程序文件。

（5）另存为：将当前编辑的程序文件换名保存。

（6）引入：从 STEP7-Micro/WIN 之外导入程序。使用"引入"命令可导入 ASCII 文本文件。

（7）引出：将当前程序导出至 STEP7-Micro/WIN 之外的编辑器，使用"引出"命令创建 ASCII 文本文件。默认文件扩展名为"awl"，但可以指定任何文件名称。

（8）上装：从 PLC 将程序文件上传至 STEP7-Micro/WIN 程序编辑器。

（9）下载：从 STEP7-Micro/WIN 向 PLC 下载程序文件。

（10）页面设定：设定打印纸的边距、打印方向和纸张尺寸、页眉、页脚。

（11）打印预览：预览打印情况。

（12）打印：除了打印外，在打印对话框中还可设置打印选项、选择打印范围及页面设置等。

▌F2.2.2　编辑菜单

编辑菜单如附图 2-12 所示。

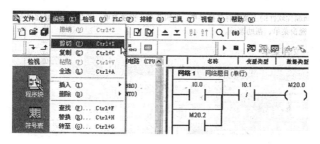

附图 2-12　编辑菜单

子菜单的功能如下：

（1）撤销：撤销最后执行的指令。

（2）剪切：剪切选项，并将其放置在 Windows 剪贴板中。

（3）复制：将选项复制至 Windows 剪贴板。

（4）粘贴：将 Windows 剪贴板中的内容粘贴在现用窗口中。

（5）全选：选择当前光标位置的所有文本文件。

（6）插入：在当前光标位置插入项目，即可插入行、列或网络以及中断程序和子程序等。

（7）删除：在光标位置删除项目。

（8）查找：对程序、局部变量表、数据块、符号表或状态图执行"查找"操作。

（9）替换：对程序、局部变量表、数据块、符号表或状态图执行"替换"操作。

（10）转至：对程序、局部变量表、数据块、符号表或状态图执行"转至"操作。

F2.2.3　检视菜单

检视菜单如附图 2-13 所示。

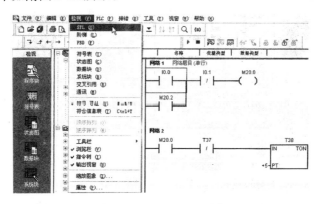

附图 2-13　检视菜单

子菜单的功能如下：

（1）STL：将编辑器切换至指令语句表编程界面。

（2）阶梯：将编辑器切换至梯形图编程界面。

（3）FBD：将编辑器切换至功能图表编程界面。

（4）符号表：打开符号表（SIMATIC 模式）或全局变量表（IEC 1131-3模式）。

（5）状态图：打开状态图。

（6）数据块：打开及存取数据块。

（7）系统块：打开系统块，可检视和编辑系统块，设定 PLC 选项。

（8）交叉引用：打开交叉引用表，可了解程序中是否已经使用和在何处使用某一符号名称或内存赋值。

（9）通讯：打开通讯对话框，可查看或修改带"通讯链接"对话框的"通讯配置"。

（10）符号寻址：切换用绝对表示（例如：I0.0）或符号表示（例如：Pumpl）检视参数的地址。

（11）符号信息表：检视或隐藏 LAD/FBD 程序编辑器窗口中的符号信息表。

（12）顺序排列：根据名称或地址列对符号表和状态图进行正向排序。

（13）逆顺排列：根据名称或地址列对符号表和状态图进行逆向排序。

（14）工具栏：打开或关闭"标准""调试""指令"工具条。

（15）浏览栏：打开或关闭浏览栏，即在 ON（可见）和 OFF（隐藏）浏览条之间切换。

（16）指令树：打开或关闭指令树，即在 ON（可见）和 OFF（隐藏）之间切换指令树。

（17）输出视窗：打开或关闭输出视窗，使窗口在 ON（可见）和 OFF（隐藏）之间切换。

（18）缩放图像：设定 LAD 和 FBD 编辑器的图形尺寸和栅格布局。

（19）属性：打开属性对话框，可为子程序和中断例行程序重新编号和重新命名，但不能对主程序块（OBl）重新编号和重新命名。

▇ F2.2.4　PLC 菜单

PLC 菜单如附图 2-14 所示。

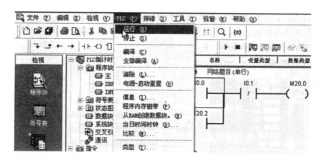

附图 2-14　PLC 菜单

各子菜单的功能如下：

（1）运行：使 PLC 处于运行状态。

（2）停止：使运行中的 PLC 处于停止状态。

（3）编译：启动 STEP7-Micro/WIN 32 项目编译器，编译现用窗口（程序块或数据块）。

（4）全部编译：启动 STEP7-Micro/WIN 32 项目编译器，编译全部项目组件（程序块、数据块和系统块）。

（5）清除：清除 PLC 内存的指定区域（必须首先将 PLC 扳至"停止"方式）。

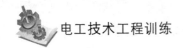

（6）电源—启动重置：从 PLC 清除严重错误并返回"运行"模式。如果操作 PLC 存在严重错误，则程序停止执行，必须将 PLC 模式重设为"停止"，然后再设定为"运行"，才能清除错误。

（7）信息：检视 PLC 型号和版本号码、操作模式、扫描速率、I/O 模块配置以及 CPU 和 I/O 模块错误信息。

（8）程序内存磁带：为程序提供可移动 EEPROM 存储的选用内存磁带编程。

（9）从 RAM 创建数据块：将 CPU（V）内存保存至 EEPROM。

（10）当日时间时钟：查看或设定存储在 PLC 内的当前时间和数据。

（11）比较：将 STEP7-Micro/WIN 项目组件与 PLC 进行比较。

（12）类型：打开 PLC 类型选择对话框。

▌F2.2.5　排错菜单

排错菜单如附图 2-15 所示。

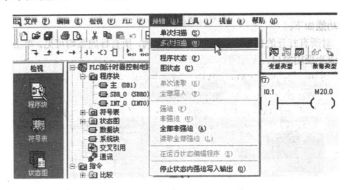

附图 2-15　排错菜单

各子菜单的功能如下：

（1）单次扫描：指定 PLC 对程序执行 1 次扫描。

（2）多次扫描：指定 PLC 对程序执行有限次扫描（从 1 次扫描到 65 535 次扫描）。通过选择 PLC 运行的扫描次数，可以在程序改变进程变量时对其进行监控。

（3）程序状态：打开程序状态，可修改"缩放""栅格"等信息。

（4）图状态：打开状态图并调试各种功能。

（5）单次读取：作为打开图状态的替代方法，使用"单次读取"功能，收集状态图数值的单次"瞬态图"。

（6）全部写入：向程序写入一个或多个数值，模拟一个条件或一系列条件。

（7）强迫：将地址强制为某一数值。必须首先规定所需的数值，可通过读取数值（如果希望强制当前数值）或键入数值（如果希望将地址强制为新数值）来完成。

（8）非强迫：选择一个地址并使"取消强制"从该特定地址移除强制。

（9）全部非强迫：从全部地址移除强制。应用"全部取消强制"之前不必选择单个地址。

（10）读取全部强迫：读取全部强迫地址。

（11）在运行状态编辑程序：在 PLC 运行时编辑程序。注意：在"运行"模式中向 PLC 下载改动时，用户的改动会立即影响程序操作，因此，没有防范错误的余地，编程编辑中的错误可能引起人员伤亡或设备损坏，仅限熟悉人员在"运行"模式中执行程序编辑。

（12）停止状态内强迫写入输出：在"停止"模式中启用"写入"和"强制"输出。注意：在写入或强制输出时，如果 S7-200PLC 与其他设备相连，则这些改动可能被传输至该设备，可能引起该设备操作无法预料，亦可能造成人员伤亡或设备损坏，仅限熟悉人员操作使用。

■ F2.2.6　工具菜单

工具菜单如附图 2-16 所示。

附图 2-16　工具菜单

子菜单的功能如下：

（1）指令精灵：STEP7-Micro/WIN 提供了 PID 向导、NETR/NETW 向导、HSC 向导、TD200 向导（配置工具），以使编程更容易、更自动化。

（2）TD 200D 精灵：提供 TD200D 向导。TD200 向导逐步指导完成 TD200 配置，协助为 TD200 特征设定参数并输入 ASCII 讯息。

（3）客户自定：可配置命令标签允许更改 STEP7-Micro/WIN 工具条的外观和/或内容。增加工具标签，允许在"工具"菜单中增加常用的工具。

（4）选项：可配置通用标签、色彩标签、LAD 编辑和 FBD 编辑、STL 状态、LAD 状态和 FBD 状态。

■ F2.2.7　视窗菜单

视窗菜单如附图 2-17 所示。

附图 2-17　视窗菜单

子菜单的功能如下：

（1）栅格状：对所有打开的窗口以重叠方式进行排列，所有标题条均可见。单击任何标题条，使该窗口成为现用窗口。

（2）水平：排列打开的 STEP7-Micro/WIN 窗口，以便显示所有窗口并垂直排列。可以将任何窗口最大化，查看窗口的内容。

（3）竖直：排列 STEP7-Micro/WIN 窗口，以便显示所有窗口，使之并排显示。可以将任何窗口最大化，查看窗口的内容。

F2.2.8　帮助菜单

帮助菜单如附图 2-18 所示。

附图 2-18　帮助菜单

各子菜单的功能如下：

（1）内容及目录：打开帮助标题浏览器，包括内容、索引和查找标签。

（2）Web 上的 S7-200：如果已经安装互联网浏览器并可存取互联网，则可以直接从 Siemens 的网站获得最新产品信息。

（3）关于：显示 STEP7-Micro/WIN 的版本号码和版权信息。

F2.3　编程前的准备

F2.3.1　指令集和编辑器的选择

在编写程序之前，用户必须选择指令集和编辑器，其设置方式如下所示。

在 S7-200 系列 PLC 支持的指令集中有 SIMATIC 和 IEC 1131-3 两种。SIMATIC 是专为 S7-200 PLC 所设计的，采用 SIMATIC 指令编写的程序执行时间短、专用性强，可使用 LAD、STL、FDB 三种编辑器。IEC 1131-3 指令集是按国际电工委员会（IEC）PLC 编程标准所提供的指令系统，作为不同

PLC 厂商的指令标准，集中指令较少，适用于不同厂家的 PLC，只可用 LAD 和 FBD 两种编辑器。SIMATIC 所包含的部分指令，在 IEC 1131-3 中不是标准指令。

选择编程模式及编辑器的方法如下：在菜单工具栏中选择"工具"→"选项"→"常规""标签"→"默认编辑器"复选框，如附图 2-19 所示。

附图 2-19　选择编程模式及编辑器的方法

■ F2.3.2　根据 PLC 类型进行参数检查

在 PLC 与运行 STEP7-Micro/Win 的个人计算机连线后，在建立通信或编辑通信设置以前，应根据 PLC 的类型进行范围检查。必须保证 STEP7-Micro/Win 中 PLC 类型选择与实际所连接的 PLC 类型相符，可使用以下两种方法进行检查。

（1）菜单命令："PLC"→"类型"→"读取 PLC"，如附图 2-20 所示。

（2）指令树："项目"→"类型"→"读取 PLC"，如附图 2-21 所示。

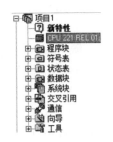

附图 2-20　菜单命令获取 PLC 类型　　　　附图 2-21　指令树获取 PLC 类型

选择 PLC 类型对话框如附图 2-22 所示。

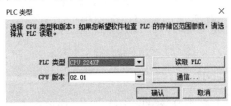

附图 2-22　选择 PLC 类型对话框

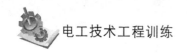

F2.4 程序调试与监控

在运行 STEP7-Micro/Win 软件与 PLC 建立通信并向 PLC 下载程序后，就可在 PLC 设备上运行程序，并收集状态通过 STEP7-Micro/Win 软件进行监控和调试程序了。

■ F2.4.1 选择工作方式

PLC 有运行和停止两种工作方式。在不同的工作方式下，PLC 进行调试的操作方法不同。单击工具栏中的"运行" ▶ 按钮或"停止" ■ 按钮便可进入相应的工作方式。

1. 选择 STOP 停止工作方式

在 STOP 工作方式中，可创建和编辑程序，PLC 处于半空闲状态：停止用户程序执行；执行输入更新；用户中断条件被禁用。系统将状态数据传递给 STEP7-Micro/Win，并执行所有的"强制"或"取消强制"命令。当 PLC 位于 STOP 工作方式时可进行下列操作：

（1）使用图状态或程序状态查看操作数的当前值（因为程序未执行，这一步骤等同于执行"单次读取"）。

（2）可以使用图状态或程序状态强制数值，使用图状态写入数值。

（3）写入强制输出。

（4）执行有限次扫描。

2. 选择 RUN 运行工作方式

当 PLC 位于 RUN 工作方式时，不能使用"首次扫描""多次扫描"功能。可以在状态图表中写入强制数值，或使用 LAD 或 FBD 程序编辑器强制数值，方法与在 STOP 工作方式中强制数值相同。还可执行下列操作：

（1）使用图状态收集 PLC 数据值的连续更新。如希望使用单次更新，图状态必须关闭，才能使用"单次读取"命令。

（2）使用程序状态收集 PLC 数据值的连续更新。

（3）使用 RUN 工作方式中的"程序编辑"工具编辑程序，并将改动下载至 PLC。

■ F2.4.2 状态图显示

你可以建立一个或多个状态图，用来监管和调试程序操作。打开"状态图"可观察或编辑状态图的内容，启动状态图可收集状态信息。

1．打开状态图

打开"状态图"的方法有三种。

（1）单击浏览条上的"状态图"按钮 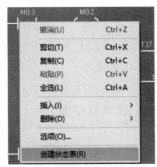。

（2）选择菜单栏中的"查看"→"组件"→"状态图"命令。

（3）打开指令树中的"状态图"文件夹，然后双击图标。

如果在项目中有多个状态图，使用"状态图"窗口底部的标签，可在不同状态图中间进行切换。

2．状态图的创建和编辑

1）建立状态图

如果打开一个空状态图，可以输入地址或定义符号名，进行程序监管或修改数值。定义状态图的步骤如下：

（1）在"地址"列输入存储器的地址（或符号名）。

（2）在"格式"列选择数值的显示方式。若操作数是 I、Q 或 M 等，格式被设为"位"。若操作数是字节、字或双字，选中"格式"列中的单元格，并双击或按空格键或回车键，浏览有效格式并选择适当的格式，如附图 2-23 所示。

	地址	格式	当前值	新值
1	I0.0	位		
2	M0.0	位		
3	VW0	有符号		
4	SMW5	有符号		

附图 2-23　状态图举例

在定时器或计数器的地址格式设置上可以为"位"或"字"。如果将定时器或计数器地址格式设置为位，则会显示输出状态（输出打开或关闭）。如果将定时器或计数器地址格式设置为字，则使用"当前值"。

另外，还可以按下述方法更快捷地建立状态图：选中程序代码中的一部分，单击鼠标右键→弹出菜单→"建立状态表"，如附图 2-24 所示。

2）编辑状态图

在状态图修改过程中，可采用下列方法：

（1）插入新行：使用"编辑"菜单或用鼠标右键单击状态图中的一个单元格，从弹出的菜单

附图 2-24　选中程序代码
　　　　建立状态表

中选择"插入"→"行"命令。新行将被插入在状态图中光标当前位置的上方。

（2）删除一个单元格或行：选中单元格或行，单击鼠标右键，从弹出的菜单中选择"删除"→"选项"命令。如果删除了一行，后面的行则自动

上移。

（3）选择一整行（用于复制或剪切）：单击行号即可。

（4）选择整个状态图：在行号上方的左上角单击一次即可。

3）写入强制数值

全部写入：对状态图内的新数值改动完成后，可利用全部写入将所有改动的数值传送至 PLC。

强制：在状态图的"地址"列中选中一个操作数，在"新数值"列写入模拟实际条件的数值，然后单击工具条中的"强制"按钮。一旦使用"强制"功能，每次扫描都会将强制数值应用于该地址，直至对该地址"取消强制"。

取消强制：与"程序状态"的操作方法相同。

■ F2.4.3　执行有限次扫描

可指定 PLC 对程序执行有限次数的扫描（从 1 次到 65 535 次扫描），通过指定 PLC 运行的扫描次数，可监控程序过程变量的改变。第一次扫描时，SM0.1 的数值为 1。

1. 执行单次扫描

"单次扫描"使 PLC 从 STOP 转变为 RUN，执行单次扫描，然后再转回为 STOP，因此与第一次相关的信息不会消失。操作步骤如下：

（1）PLC 必须置于 STOP 模式。如果不是 STOP 模式，应将 PLC 转换成"停止"模式。

（2）选择菜单中的"调试"→"首次扫描"命令。

2. 执行多次扫描

执行多次扫描的步骤如下：

（1）PLC 需置于 STOP 模式，如果不是 STOP 模式，应将 PLC 转换成"停止"模式。

（2）选择菜单中的"调试"→"多扫描"命令，系统将弹出"执行扫描"对话框，如附图 2-25 所示

（3）输入所需的扫描次数数值，单击"确认"按钮。

附图 2-25　执行扫描对话框

■ F2.4.4　运行监控

采用梯形图、语句表和功能图编写的程序在运行时，可利用 STEP7-Micro/WIN 软件进行监控，以观察程序的执行状态。监控的运行可分为三种方式：状态图监控、梯形图监控和语句表监控。

1. 状态图监控

启动状态图标，在程序运行时，可进行监视、读、写或强制改变其中的变量，如附图 2-26 所示。根据需要可建立多个状态图表。

	地址	格式	当前值	新值
1	I0.0	位		
2	I0.2	位		
3		有符号		
4	Q0.0	位		
5		有符号		

附图 2-26　状态图监控

当使用状态图表时，可将光标移动到需要操作的单元格上，右击单元格，在弹出的快捷菜单中选择所需要的操作命令。也可利用编程软件中状态图表的工具条，单击相关命令按钮，实现顺序排序、逆序排序、读、写和一些强制有关的指令。

2. 梯形图监控

利用梯形图编辑器可监视程序在线的状态。监视时，梯形图中显示的所有操作数的状态都是 PLC 在扫描周期结束时的结果。但利用 STEP7-Micro/WIN 编程软件进行监控时，不是在每个 PLC 扫描周期都采集 I/O 的状态，因此显示在屏幕上的数据并不是实时状态值，该软件是隔几个扫描周期采集一次状态值，然后刷新屏幕上的监视状态。在大多数情况下，这并不影响利用梯形图监视程序运行的作用，依然是很多工程技术人员的选择。

3. 语句表监控

用户也可采用"语句表"监控 PLC 运行状态。"语句表"监控程序状态可连续更新屏幕上的数值，操作数显示在屏幕上的顺序与操作数在程序出现的顺序是一致的。当程序执行到这些指令时，数据被采集，然后显示在屏幕上。"语句表"监控可实现实时状态的监控。

附录三

S7-200（SMART）模拟仿真软件的使用

在使用 PLC 编程软件时，只凭借阅读方式通过经验来检验较复杂的程序是不恰当的，正确的方法是进行 PLC 的实际调试。利用 STEP7-Micro/WIN 软件和 PLC 进行实时的调试方法，可检查程序是否按照实际的要求进行了编写，以便改正错误。但如果在编写调试程序时身边恰好没有 PLC 可以使用，或者是没有 PLC 的初学者要学习 PLC 的编程方法，那么应该怎样检查程序编写是否符合要求呢？为解决这个问题，软件工程师们开发出了一个 PLC 的上位机模拟软件，该软件可代替大部分的 PLC 功能，可很好地解决当前所提出的问题。

F3.1 仿真软件介绍

S7-200（SMART）模拟仿真器并非西门子公司官方所出品的软件，而是应用工程师为了调试程序方便而开发编写的仿真软件。该软件可模拟 CPU212 ~ CPU226 的程序运行情况，该软件具有占用程序空间小，绿色无须安装的优点。

F3.2 仿真软件的使用

双击程序目录中的可执行文件"S7-200.exe"，即可打开该仿真软件，软件界面如附图 3-1 所示。

1. 建立程序

首先在 STEP7-Micro/WIN 编程软件中编写程序，在此以一个简单的实例进行说明，如附图 3-2 所示。

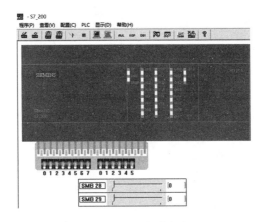

附图 3-1　S7-200 仿真软件界面

在该实例中，当 I0.0 接通时，Q0.0 有输出；当 I0.1 接通并保持 5 s 以上时，T37 的值为 ON，使 Q0.1 有输出。如果 I0.1 关断，那么 T37 的值为 OFF，Q0.1 也停止输出。

2. 导出仿真文件

当使用 STEP7-Micro/Win V3.1 或 V3.2 编程时，程序编写完成后，需要将程序导出为仿真文件，这样才能够在仿真软件中进行仿真。导出仿真文件的方法如下：

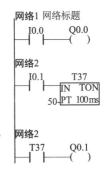

附图 3-2　实例程序

选择 STEP7-Micro/WIN 编程软件菜单"文件"→"导出"命令，如附图 3-3 所示，将会弹出导出文件保存对话框，如附图 3-4 所示。

附图 3-3　导出文件

附图 3-4　保存导出的仿真文件

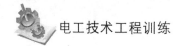

此处假设将导出的仿真文件保存为"abc.awl"。下一步需要将该导出文件导入到仿真软件中。

3. 导入仿真文件

双击 S7-200.exe 应用程序，运行仿真软件。在仿真软件中需要按照以下方法导入需要仿真的程序。

在仿真软件中，选择菜单"程序"→"装载程序"命令，或通过快捷键"Ctrl＋A"将程序导入，通过菜单导入的方法如附图 3-5 所示。

选择"载入程序"选项后，软件会弹出一个对话框，提示用户选择导入程序的范围，导入的范围包括：导入逻辑块、导入数据块、导入 CPU 配置，以及将所有信息全部导入，如附图 3-6 所示。

单击"确定"按钮，弹出如附图 3-7 所示的文件选择对话框。

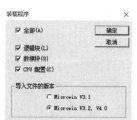

附图 3-5　导入仿真程序　　　　　附图 3-6　导入程序的范围

在附图 3-7 中选择此处需要仿真的文件"abc.awl"，单击"打开"按钮，将所需仿真的程序文件载入。

打开需要载入的程序文件后，会弹出如附图 3-8 所示的对话框，表示程序已经成功地载入到仿真软件中，关闭该对话框就可以开始程序仿真了。

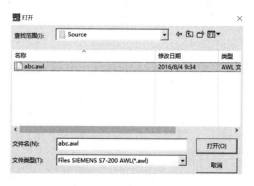
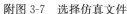

附图 3-7　选择仿真文件　　　　　　附图 3-8　载入完成

【特别说明】

当使用 STEP7-Micro/Win V4.0 及以上版本编程时，除以上导入仿真文件方法外，还有更简便快捷的方法，操作步骤如下：

（1）在 STEP7-Micro/Win V4.0 中新建一个项目。编译正确后转换成 STL 编程语言界面［查看（V）→ STL（S）］。

（2）程序复制：选择需要仿真的程序（用鼠标拖黑），然后单击"编辑" → "复制"。注意：在 STEP7-Micro/WinV4.0 的 STL 编程语言界面复制时，必须完整复制指令，如前面必须包含网络序号"NETWORK 1"而后面不能有多余的程序空行等。

（3）打开仿真软件，单击"配置"→"CPU 型号"（或在已有的 CPU 图案上双击）。

（4）在弹出的对话框中选择 CPU 型号，要与项目中的 PLC 型号相同。

（5）单击"程序"（P）→"粘贴程序"（OB1），STEP7-Micro/Win V4.0 中的 STL 程序就被粘贴到模拟软件中了。

（6）单击"查看"（E）→"内存监视"（M）输入想要监视的地址。

（7）单击"PLC"→"运行"（或工具栏上的绿色三角按钮），程序就开始模拟运行了。

4. 仿真操作

（1）运行程序。启动程序仿真可通过菜单选择"PLC"→"运行"命令，或单击工具栏中的运行按钮，开始仿真，如附图 3-9 所示。

程序开始运行后，软件 PLC 显示为运行状态，运行灯显示为绿色，如附图 3-10所示。

附图 3-9 通过菜单运
　　行仿真程序

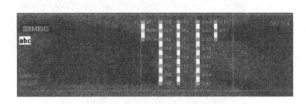

附图 3-10 程序运行后的界面

（2）停止程序仿真运行。停止程序仿真运行可通过菜单选择"PLC"→ "停止"命令，或单击工具栏中的停止按钮，停止程序仿真，如附图 3-11 所示。

程序停止仿真后，软件 PLC 显示为停止状态，运行灯熄灭，停止状态灯显示为红色，如附图 3-1 所示。

（3）模拟仿真操作。仿真软件为用户提供可使用的对外接口有两种：一

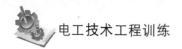

种是所有的开关量为输入信号；另一种是模拟调节电位器的当前寄存器 SMB28 和 SMB29。

程序刚开始运行时，所有的开关量输入信号全部为 OFF 状态，开关量输入信号如附图 3-12 所示。

附图 3-11　通过菜单停止仿真程序　　　　附图 3-12　开关量输入信号

当单击某个开关量输入信号操作按钮时，该信号变为 ON 状态，如附图 3-13所示。

附图 3-13　ON 状态的输入信号

当某个开关量信号被改变时，在模拟 PLC 上的显示状态也随之改变，如附图 3-14 所示。

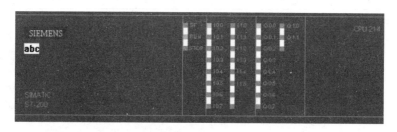

附图 3-14　输入状态显示

（4）实例程序的仿真。附图 3-2 中显示的程序里一共有两个部分：一部分是通过 I0.0 的输入控制 Q0.0 的输出；另一部分是通过 I0.1 的输入控制定时器 T37 的计时，当计时达到 5 s 以上时，控制 Q0.1 输出。通过查看仿真程序是否能实现设定的效果。

单击开关量输入按钮 0，输入信号灯 0 点亮，输出信号灯 0 也点亮；再次单击开关量输入按钮 0，将输入信号控制在 OFF 状态，此时，输入信号灯 0

熄灭，输出信号灯 0 也熄灭。这说明程序的第一部分已经正确地实现了，如附图 3-15 所示。

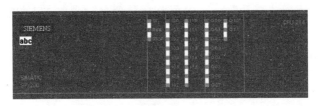

附图 3-15　实例程序第一部分的实现

单击开关量输入按钮 1，使输入信号 1 保持在 ON 状态，当程序执行 5 s 后，Q0.1 输出为 ON，输出信号灯 1 点亮；再次单击开关量输入按钮 1，使开关量输入信号 1 的状态切换为 OFF，此时，输入信号显示灯熄灭，Q0.1 关闭，输出信号 1 的显示灯也熄灭了。这说明程序的第二部分也已经正确地实现了，如附图 3-16 所示。

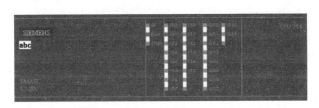

附图 3-16　实例程序第二部分的实现

5. 更改 PLC 的类型

如附图 3-12 所示，可控制的开关量输入信号一共有 14 个，这是由 PLC 的类型所决定的，用户可通过选择 PLC 的类型来寻找与实际 PLC 相同的配置。更改 PLC 类型的方法如下：

（1）通过菜单选择"配置"→"CPU 型号"命令，如附图 3-17 所示。

（2）选择"CPU 型号"选项后，会弹出 CPU 型号选择对话框，如附图 3-18 所示，可通过下拉列表框选择所需要的 CPU 型号。

附图 3-17　更改 CPU 型号

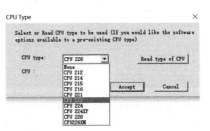

附图 3-18　选择 CPU 型号

205

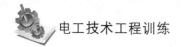
6. 数据监视

当开始程序仿真后，就可监视 PLC 中的数据变化，监视方法如下：

通过菜单选择"查看"→"内存监视"命令，或单击工具栏中的状态条显示按钮，可弹出"状态条"对话框，如附图 3-19 所示。

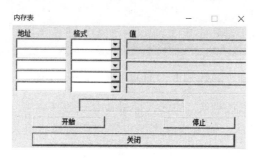

附图 3-19 "状态条"对话框

在附图 3-19 所示的"状态条"对话框中，有以下几个组成部分：

（1）数据地址——输入需要显示的数据的地址，可输入 I、Q、M、C、T、V 变量。

（2）数据显示类型——数据类型有十进制、十六进制、二进制、位变量。

（3）实时显示值——当前数据的显示。

（4）开始按钮——开始程序监视。

（5）停止按钮——停止程序监视。

（6）关闭按钮——退出监视。

7. 程序循环

在仿真过程中，还可以通过控制程序执行的循环次数来查看程序运行的中间结果。设置程序执行循环次数的方法如下：

（1）通过菜单选择"PLC"→"单步"命令，会弹出"程序循环运行设置"对话框，如附图 3-20 所示。

附图 3-20 设置程序循环运行次数

（2）在循环次数输入框内输入所需要的循环次数，然后单击"确定"按钮，程序就会按所设置的循环次数开始运行。当运行完设置的循环次数时，程序会转为停止状态，此时就可通过以上介绍的数据监视方法来监视中间数据了。

参考文献

［1］南寿松，许建平．电工实验与电工实践［M］．北京：中国标准出版社，2003．

［2］张伯虎．轻松掌握低压电工技能［M］．北京：化学工业出版社，2015．

［3］武丽．电工技术：电工学Ⅰ［M］．北京：机械工业出版社，2014．

［4］王胜．电工基本操作［M］．北京：化学工业出版社，2008．

［5］刘艳．电工技术［M］．北京：北京理工大学出版社，2015．

［6］李春华．常用电工电子技术精要［M］．北京：机械工业出版社，2008．

［7］王厚余．低压电气装置的设计安装和检验［M］．北京：中国电力出版社，2007．

［8］熊芝耀．电工实践指导——电工工艺与电气测量［M］．长沙：湖南大学出版社，2002．

［9］韩相争．西门子 S7-200 SMART PLC 编程技巧与案例［M］．北京：化学工业出版社，2017．

［10］刘长青．S7-1500 PLC 项目设计与实践［M］．北京：机械工业出版社，2016．

［11］蔡杏山．全彩视频图解 PLC 快速入门与提高［M］．北京：电子工业出版社，2017．